普通高等教育公共通识课教材

数据科学技术与应用

主　编　陈　梅　王梦霞　赵淑芳
副主编　于丽娜　鞠　雷　屈克诚
参　编　李光燕　古翠红　汝　晨　王　裙
　　　　翟亚楠　邢雪霞　陈延华　郑　娜
　　　　李雪玉　刘　美　赵长虹　程晗晗
　　　　崔耀奇

北京理工大学出版社
BEIJING INSTITUTE OF TECHNOLOGY PRESS

内 容 简 介

　　本书综合分析了理、工、文、经、管、医、护等多种专业对数据分析与处理的教学要求，本着知识够用、精讲多练和项目式学习的理念与思路，对数据科学相关理论知识进行了深入浅出的讲解，并通过图表帮助读者理解数据分析方法的基本思想。全书分为 6 章：数据科学基础、数据处理工具、数据预处理、数据分析、数据可视化设计、数据科学应用案例。本书可作为应用型本科院校相关专业的公共课教材，也可供相关培训班以及企业管理人员使用。

图书在版编目（CIP）数据

数据科学技术与应用 / 陈梅，王梦霞，赵淑芳主编.
－－北京：北京理工大学出版社，2022.1（2024.1 重印）
　　ISBN 978-7-5763-0897-6

　　Ⅰ.①数…　Ⅱ.①陈…②王…③赵…　Ⅲ.①数据处理-高等学校-教材　Ⅳ.①TP274

中国版本图书馆 CIP 数据核字（2022）第 013408 号

责任编辑：王晓莉　　文案编辑：杜　枝
责任校对：刘亚男　　责任印制：李志强

出版发行 / 北京理工大学出版社有限责任公司
社　　址 / 北京市丰台区四合庄路 6 号
邮　　编 / 100070
电　　话 / （010）68914026（教材售后服务热线）
　　　　　　（010）68944437（课件资源服务热线）
网　　址 / http://www.bitpress.com.cn

版 印 次 / 2024 年 1 月第 1 版第 3 次印刷
印　　刷 / 涿州市新华印刷有限公司
开　　本 / 787 mm×1092 mm　1/16
印　　张 / 11.25
字　　数 / 264 千字
定　　价 / 36.00 元

前　言

随着大数据、人工智能以及 5G 时代的到来，面对随时随地产生的海量数据，谁能更好地从海量数据中提取有价值的信息，总结出所研究对象的内在规律，谁就能真正抢得大数据时代的先机，帮助管理者进行判断和决策处理。所以，数据分析与处理能力已经成为数据智能时代人才的必备能力。数据科学已经被众多高校作为本科学生必修的一门公共基础课程。

党的二十大报告指出："要坚持教育优先发展、科技自立自强、人才引领驱动，加快建设教育强国、科技强国、人才强国"。本书以党的二十大精神为指导，在书中引入"国家情怀、科学方法、工匠精神、工程伦理"等主题课程思政元素，并引入了对学生实践能力、职业素养的多元化培养等内容，提升信息素养对于落实立德树人目标、培养创新人才具有重要作用。

本书综合分析了理、工、文、经、管、医、护多种专业对数据分析与处理的教学要求，本着知识够用、精讲多练和项目式学习的理念与思路，对数据科学相关理论知识的讲解深入浅出，并尽可能避免深奥的数学表达，通过图表帮助读者理解数据分析方法的基本思想。将全书分为 6 章：数据科学基础、数据处理工具-Python、数据预处理、数据分析、数据可视化设计、数据科学应用案例。从数据科学基础知识入手，利用 Python 数据处理工具，依据大数据处理的三大流程分别介绍数据预处理要求、数据分析的主要方法和数据可视化方式，最后以网络爬虫、文本数据、图像数据和语言数据四类真实案例来巩固和提升自己的数据处理和分析能力。各章节设计引入了大量的实际案例，提出问题、分析问题、代码实现和解读分析结果。通过阅读和学习本书，使读者具备从数据中发现知识，解决问题的思维方式，掌握根据实际问题提出数据分析方案以获取有效分析结果的技能。

本书提供配套教学 PPT、案例源码和视频（二维码）、思考与练习以及解答和课程思政小课堂。

在本书编写团队中，陈梅、王梦霞、赵淑芳任主编，于丽娜、鞠雷、屈克诚任副主编，李光燕、古翠红、汝晨、王裙、翟亚楠、邢雪霞、陈延华、郑娜、李雪玉、刘美、赵长虹、程晗晗、崔耀奇等教师参与了编写工作。

由于作者水平有限，虽然尽心竭力，但仍然难免存在疏漏之处，敬请读者和同行批评指正。

编　者
2024 年 1 月 4 日

目 录
CONTENTS

第 1 章 数据科学基础

1. 了解在大数据时代数据的价值和重要性；
2. 熟悉数据分析工具的下载和安装；
3. 掌握一种 Python 开发工具的使用方法。

1.1 数据科学概述

二维码 1-1 数据科学概述

1.1.1 数据科学的概念

1974 年，著名计算机科学家、图灵奖获得者 Peter Naur 在其著作《计算机方法的简明调研》的前言中首次明确提出了数据科学的概念，"数据科学是一门基于数据处理的科学"，并提到了数据科学与数据学的区别——前者是解决数据（问题）的科学，而后者侧重于数据处理及其在教育领域中的应用。

数据科学是利用科学方法、流程、算法和系统从数据中提取价值的跨学科领域。数据科学学科结合了统计学、信息科学和计算机科学的方法、系统和过程，通过结构化或非结构化数据提供对现象的洞察。数据科学是一个混合了数学、计算机科学以及相关行业知识的交叉学科，主要包括统计学、操作系统、程序设计、数据库、机器学习、数据可视化等相关领域的知识。

人们对于数据科学有很多不同的解读，相关概念很多，但是它们都围绕着一个主题：如何从实际生活中提取数据，然后利用计算机的计算能力和模型算法从这些数据中找出一些有价值的内容，为决策提供支持。这正是数据科学的核心内涵。

党的二十大报告提出"推动战略性新兴产业融合集群发展，构建新一代信息技术、人工智能、生物技术、新能源、新材料、高端装备、绿色环保等一批新的增长引擎。"人工智能的发展离不开大数据的支撑，同时算法让大量的数据有了价值。人工智能技术立足于神经网络，同时发展出多层神经网络，从而可以进行深度机器学习。这一算法特点决定了它是更为灵活的，且可以根据不同的训练数据而拥有自优化的能力。人工智能的快速演进，不仅需要理论研究，还需要大量的数据作为支撑。

1.1.2 数据科学的知识结构

二十大报告提出"我们要坚持教育优先发展、科技自立自强、人才引领驱动，加快建设教育强国、科技强国、人才强国，坚持为党育人、为国育才，全面提高人才自主培养质量，着力造就拔尖创新人才，聚天下英才而用之。"数据科学作为一门公共课，培养学生了解数据科学的理论知识，将数据分析的方法应用在自己所学的专业。在信息技术时代，成为具有创新能力的人才。

信息是数据的内涵，数据是信息的载体，数据是记录或表示信息的一种形式，信息可以从数据中提炼出来。人们对各种形式的数据进行收集、存储、加工和传播的一系列活动总和称为数据处理。数据本身并没有意义，数据只有经过处理解释后才有意义，这就使得数据成为信息。

数据科学研究的就是从数据形成知识的过程，通过假定设想、分析建模等处理分析方法，从数据中发现可使用的知识、改进关键决策过程。数据科学的最终产物是数据产品，是由数据产生的可交付物或由数据驱动的产物。

数据科学的知识结构主要包括领域专长、数学和计算机科学。

1. 领域专长

从事数据工作的人员需要了解数据来源的业务领域，充分应用领域知识提出正确的问题。通过细节问题帮助数据分析找到行动的方向。

2. 数学

数学是一门工具性很强的学科，它与别的学科比较起来还具有较高的抽象性等特征。在数据科学中，解决问题的过程离不开数据模型的建立和数据可视化分析。坚实的数学基础对于完善数学模型，并使模型更加可靠是十分必要的。

3. 计算机科学

数据科学是由计算机系统来实现的，数据科学项目需要建立正确的系统架构，包括存储、计算和网络环境，针对具体需求设计相应的技术路线，选用合适的开发平台和工具，最终实现分析目标。

1.1.3 数据分析的工作流程

数据科学是包括研究数据理论、数据处理及数据管理等知识的一门系统科学。数据科学的核心工作是数据分析，即面向具体应用需求，进行原始数据收集、信息准备、模式分析并形成关键知识、创造价值的活动。

数据分析的关键步骤包括提出分析目标，获取数据集，对该数据集进行探索发现整体特性，使用统计、机器学习或数据挖掘技术进行数据实验，发现数据规律，将数据可视化，构建数据产品。完整的数据分析主要包括五大步骤，依次为：问题描述、数据准备、数据探索、预测建模、结果可视化。

1. 问题描述

问题描述需要首先明确数据分析的目的，只有明确目的，数据分析才不会偏离方向，否则得出的数据分析结果没有指导意义。数据科学不是因为有了数据，就针对数据进行分析，而是有需要解决的问题，才对应地搜集数据、分析数据。基于专业背景，界定问题，明确数据分析的目标和需求是数据分析项目成败的关键所在。

明确分析目的后，需要对思路进行梳理分析，并搭建分析框架，需要把分析目的分解成若干个不同的分析要点，也就是说要达到这个目的该如何具体开展数据分析？需要从哪几个角度进行分析？采用哪些分析指标？采用哪些逻辑思维？运用哪些理论依据？

明确数据分析目的以及确定分析思路，是确保数据分析过程有效进行的先决条件，它可以为数据准备提供清晰的指引方向。

2. 数据准备

数据准备包括数据获取、数据清洗、数据标准化，最终转化为可供分析的数据。面向问题需求，可以从多种渠道采集到相关数据，然后按照业务逻辑将这些形式各异的数据组织为格式化的数据，去掉其中的冗余数据、无效数据，补充缺失数据。

3. 数据探索

数据探索主要采用统计或图形化的形式来考察数据，观察数据的统计特性，数据成员之间的关联、模式等。数据探索过程中如果发现数据含有重复值、缺失值或异常值，需要返回重新进行数据清洗。

4. 预测建模

根据分析目标，通过机器学习或统计方法，从数据中建立问题描述模型。建立模型应尝试多种算法，每种算法都有相对适用的数据集，需要根据数据探索阶段获得的数据集特性来选择。因此，这个阶段另一个重要任务就是对生成的模型进行评估，尝试多种算法及各种参数设置，从而获得特定问题的相对最优解答。

5. 结果可视化

通过数据分析，隐藏在数据内部的关系和规律就会逐渐浮现出来，整理分析结果，展示并将分析结果保存在应用系统中。展示的形式有多种，如饼图、柱形图、条形图、折线图、散点图、雷达图等。这些结果被粘贴到各种报告中，或者发布到 Web 应用系统、移动应用的页面上，形成数据产品。多数情况下，人们更愿意接受图形这种数据展现方式，因为它能更加有效、直观地传递出分析师所要表达的观点。

数据科学工作流程的每个环节都需要发挥领域知识的作用，指导分析过程走向正确的方向。

1.1.4　数据科学中的大数据

大数据（Big Data），是指无法在一定时间范围内用常规软件工具进行捕捉、管理和处理的数据集合，是需要新处理模式才能具有更强的决策力、洞察发现力和流程优化能力的海量、高增长率和多样化的信息资产。

大数据的 4V 特点：规模性（Volume）、高速性（Velocity）、多样性（Variety）、价值性（Value）。

1. 规模性（Volume）

随着信息化技术的高速发展，数据开始爆发式增长。大数据中的数据不再以 GB 或 TB 为单位来衡量，而是以 PB（1 千个 TB）、EB（1 百万个 TB）或 ZB（10 亿个 TB）为计量单位。

2. 高速性（Velocity）

这是大数据区分于传统数据挖掘最显著的特征。大数据与海量数据的重要区别在两方面：一方面，大数据的数据规模更大；另一方面，大数据对处理数据的响应速度有更严格的要求。实时分析而非批量分析，数据输入、处理与丢弃立刻见效，几乎无延迟。数据的增长速度和处理速度是大数据高速性的重要体现。

3. 多样性（Variety）

多样性主要体现在数据来源多、数据类型多和数据之间关联性强这三个方面。

（1）数据来源多。企业所面对的传统数据主要是交易数据，而互联网和物联网的发展带来了诸如社交网站、传感器等多种来源的数据。

（2）数据类型多，并且以非结构化数据为主。传统的企业中，数据都是以表格的形式保存。而大数据中有 70%~85% 的数据是诸如图片、音频、视频、网络日志、链接信息等非结构化和半结构化的数据。

（3）数据之间关联性强，频繁交互，如游客在旅游途中上传的照片和日志，就与游客的位置、行程等信息有很强的关联性。

4. 价值性（Value）

尽管企业拥有大量数据，但是发挥价值的仅是其中非常小的部分。大数据背后潜藏的价值巨大。由于大数据中有价值的数据所占比例很小，大数据真正的价值体现在从大量不相关的各种类型的数据中挖掘出对未来趋势与模式预测分析有价值的数据，并通过机器学习方法、人工智能方法或数据挖掘方法深度分析，运用于农业、金融、医疗等各个领域，以期创造更大的价值。

1.2 Python 数据分析工具

二维码 1-2 Python 数据分析工具

1.2.1 集成环境 Anaconda

Anaconda 指的是一个开源的 Python 发行版本，是 Python 的包管理器和环境管理器，在安装了 Python 之后，还需要安装 Anaconda 的原因有以下三点：

（1）Anaconda 附带了一大批常用的数据科学包，包括 conda、Python 和 150 多个科学包及其依赖项，可以使用 Anaconda 立即开始处理数据。

（2）Anaconda 是在 conda（一个包管理器和环境管理器）上发展出来的。在数据分析中，conda（包管理器）可以很好地帮助用户在计算机上安装和管理这些包，包括安装、卸载和更新包。

（3）conda 可以帮助用户为不同的项目创建不同的运行环境。

通过安装 Anaconda，可以满足数据分析的基本需求。本书代码统一遵循 Python3 语法，推荐安装 Anaconda3-5.0.1 及以上版本。

（1）Anaconda 的下载。

Anaconda 的官方下载地址为 https://www.anaconda.com/products/individual-d，如图 1-1 所示。

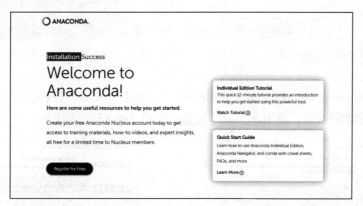

图 1-1　下载网址

也可以选择国内的镜像网站下载，如清华大学开源软件镜像站，网址为 https://mirrors.tuna.tsinghua.edu.cn/help/anaconda/，如图 1-2 所示。

图 1-2　清华大学开源软件镜像站

（2）Anaconda 的安装。

进入安装界面，单击"Next"按钮，如图 1-3 所示。

单击"I Agree"按钮，如图 1-4 所示。

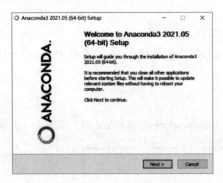

图 1-3　安装界面

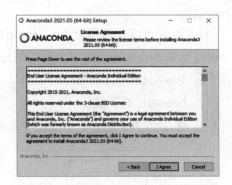

图 1-4　安装协议

选择"All Users（requires admin pririleges）"，单击"Next"按钮，如图 1-5 所示。
安装路径设置完成后，单击"Next"按钮，如图 1-6 所示。

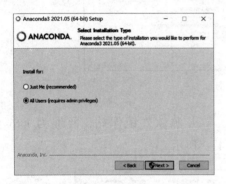

图 1-5　为哪些用户安装

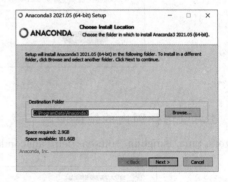

图 1-6　安装路径设置

单击"Install"按钮，开始安装，如图 1-7 所示。
安装进行中，如图 1-8 所示。

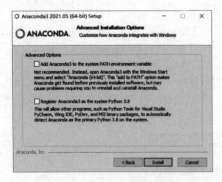

图 1-7　安装个性化选项

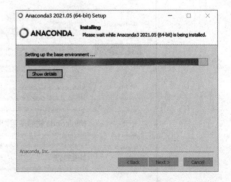

图 1-8　安装过程

安装完成，单击"Next"按钮，如图 1-9 所示。
单击"Next"按钮，如图 1-10 所示。

结束安装，单击"Finish"按钮，如图 1-11 所示。

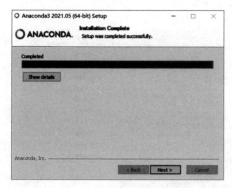

图 1-9　安装完成

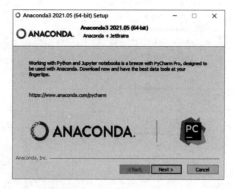

图 1-10　Anaconda+JetBrains

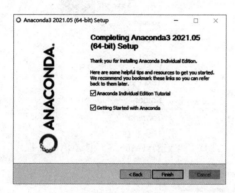

图 1-11　结束安装

1.2.2　Jupyter Notebook

Jupyter Notebook 是基于网页的用于交互计算的应用程序。其可被应用于全过程计算：开发、文档编写、运行代码和展示结果。

Jupyter Notebook 的主要特点：

- 编程时具有语法高亮、缩进、tab 补全的功能。
- 可直接通过浏览器运行代码，同时在代码块下方展示运行结果。
- 对代码编写说明文档或语句时，支持 Markdown 语法。
- 支持使用 LaTeX 编写数学性说明。

安装了 Anaconda 之后，就已经自动安装了 Jupyter Notebook。打开 Jupyter Notebook，如图 1-12 所示。

单击"New"菜单后的"Python3"选项，就可以创建 Notebook 写出自己的第一个 Python 程序了，如图 1-13 所示。

程序运行界面如图 1-14 所示。

编辑区由单元（cell）组成，在单元"In［n］:"中可以编写代码，在代码完成后，单

图 1-12　Jupyter Notebook 界面

图 1-13　选择 Python3，创建 Python 程序

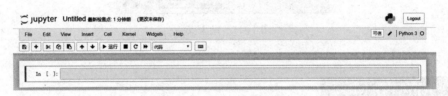

图 1-14　程序运行界面

击单元格上方的"运行"按钮，输出运行结果。"运行"按钮如图 1-15 所示。

图 1-15　单击"运行"按钮

1.2.3　Spyder

Spyder 是一个简单的集成开发环境，与其他 Python 开发环境相比，它最大的优点在于模仿 MATLAB 的"工作空间"的功能，可以很方便地观察和修改数组的值。Spyder 提供高级的代码编辑、交互测试、调试等特性，支持包括 Windows、Linux 和 OS X 等系统。

Spyder 的官方下载地址：https://www.spyder-ide.org/，如图 1-16 所示。

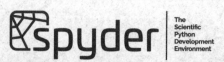

图 1-16　官方下载地址

打开 Spyder，如图 1-17 所示。

图 1-17　Spyder 运行界面

在左侧代码区输入代码，单击代码区上方的"运行"按钮，运行结果会显示在右下方控制台。图 1-18 所示为左侧代码输入区和上方的"运行"按钮，图 1-19 所示为右下方的控制台。

图 1-18　Spyder 左侧代码输入区

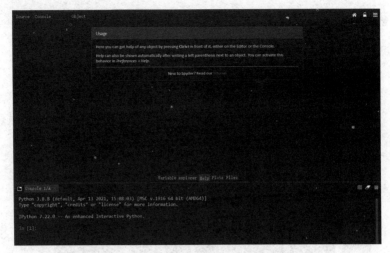

图 1-19 控制台

1.2.4 PyCharm

PyCharm 是 Jetbrains 家族中的一个明星产品，作为一种 Python IDE（Integrated Development Environment，集成开发环境），它带有一整套可以帮助用户在使用 Python 语言开发时提高其效率的工具，如调试、语法高亮、项目管理、代码跳转、智能提示、自动完成、单元测试、版本控制。此外，它还提供了一些高级功能，以用于支持 Django 框架下的专业 Web 开发。

PyCharm 的官方下载地址为 https://www.jetbrains.com/zh-cn/pycharm/，如图 1-20 所示。

图 1-20 官方下载地址

在开发者工具中，选择 PyCharm，如图 1-21 和图 1-22 所示。

选择社区版，单击"下载"按钮，如图 1-23 所示。

图 1-21 选择下载的软件

图 1-22 单击下载

下载完成之后，安装 PyCharm，单击"Next"按钮，如图 1-24 所示。

图 1-23 选择社区版进行下载

图 1-24 安装欢迎界面

选择安装路径，单击"Next"按钮，如图 1-25 所示。
安装选项设置，无须进行设置，单击"Next"按钮，如图 1-26 所示。
安装过程，如图 1-27 所示。
安装完成，单击"Finish"按钮，如图 1-28 所示。

图 1-25　安装路径设置

图 1-26　安装选项设置

图 1-27　安装过程

图 1-28　安装完成

安装完成后的主页面如图 1-29 所示。

图 1-29　PyCharm 主界面

二维码 1-3　创建第一个 Python 程序

1.3　创建第一个 Python 程序

本书以 Jupyter Notebook 作为默认的编程工具，因此，在本节，我们将使用 Jupyter Notebook 编写第一个 Python 程序，输出"Hello World!"。

单击"New"按钮，选择"Python3"选项，如图 1-30 所示。

图 1-30　选择 Python3，创建 Python 程序

在单元格中，输入代码"print（'Hello World!'）"，单击上方的"运行"按钮，如图 1-31所示。

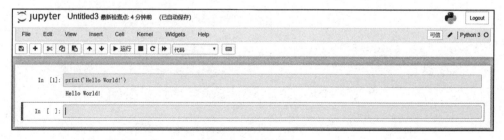

图 1-31　输入代码"print（'Hello World!'）"

输出结果，如图 1-32 所示。

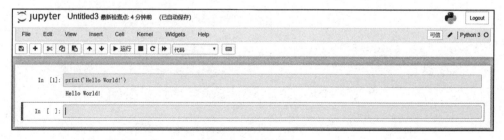

图 1-32　输出结果

刻苦钻研的学习态度

刚开始接触数据科学这门课程，会遇到很多不懂的问题，因此同学们需要有刻苦钻研的精神，勇于面对学习课程中的难题，在克服困难的过程中提升自己。第 1 章的课程，需要下载安装编程工具并编写第一个 Python 程序，对初次接触 Python 的同学来说，这是一个很大的挑战。希望同学们认真思考，积极查阅资料解决问题，为后续章节的学习打下牢固的基础。

思考与练习

1. 思考集成环境 Anaconda 的安装方法。
2. 了解 PyCharm 编程工具的下载和安装方法。
3. 使用 Jupyter Notebook 创建一个 Python 程序，输出 "Hello World!"。

第 2 章　数据处理工具

【学习目标】

1. 了解 Python 程序基本语法；
2. 熟悉 Python 基本数据类型；
3. 熟练运用 if 语句实现分支结构；
4. 熟练运用 for 循环和 while 循环；
5. 掌握函数的定义和调用；
6. 了解 Python 标准库的导入和使用（turtle 库）。

Python 语言以快速解决问题而著称，其特点在于提供了丰富的内置对象、运算符和标准库对象，而庞大的扩展库更是极大地增强了 Python 的功能，大幅度拓展了 Python 的用武之地，其应用几乎已经渗透到所有领域和学科。本章将介绍 Python 语言的语法元素、基本数据类型、组合数据类型、程序控制结构、函数及其库函数的使用。

2.1　Python 程序基本语法

二维码 2-1　程序结构

1. 程序格式框架

Python 非常重视代码的可读性，对程序格式框架有更加严格的要求。

1）缩进

Python 语言采用严格的"缩进"来表明程序的格式框架。缩进指每行代码开始前的空白区域，用来表示代码之间的包含和层次关系。

严格使用缩进来体现代码的逻辑从属关系，是 Python 语言中表明程序框架的唯一手段。Python 对代码缩进是有硬性要求的，这一点必须时刻注意。在函数定义、类定义、选择结构、循环结构、with 语句等结构中，对应的函数体或语句块都必须有相应的缩进，并且一般以 4 个空格为一个缩进单位。

```
if True:
    print ("True")
else:
    print ("False")
    print ("False")    #正确缩进
```

```
if True:
     print ("True")
else:
     print ("False")
print ("False")      #错误缩进
```

2）语句换行

Python 通常是一行写完一条语句，但如果语句很长需要换行，可以使用圆括号来实现。

total = （"每个 import 语句只导入一个模块，最好按标准库、扩展库、"
"自定义库的顺序依次导入。尽量避免导入整个库，最好只导入确实"
"需要使用的对象。"）

需要注意的是，在 [ ]，{} 中的语句，不需要使用圆括号进行换行。

total = ['item_one' , 'item_two' , 'item_three' ,
        'item_four' , 'item_five']

2. 注释

对关键代码和重要的业务逻辑代码进行必要的注释。在 Python 中有两种常用的注释形式：#和三引号。#用于单行注释，三引号常用于大段说明性文本的注释。

```
import math     #导入标准库 math
'''
print('Helloworld!')
此行是注释,不被计算机执行
'''
```

3. 基本输入/输出

input( ) 和 print( ) 是 Python 的基本输入/输出函数，前者用来接收用户的键盘输入，后者用来把数据以指定的格式输出到标准控制台或指定的文件对象。

input( ) 函数用法示例：

```
x = input('Pleaseinput:')     #input()函数参数表示提示信息
```

执行结果如下：

```
Pleaseinput:345
```

print( ) 函数用法示例：

```
x = 'Helloworld!'     #定义字符串
print(x)              #输出 x
```

执行结果如下：

Helloworld！

2.2　基本数据类型

2.2.1　整数类型

在 Python 中用 int 来表示整数类型。与 C 语言、Java 语言不同，Python 的整数型数据理论上是没有大小限制的，其在内存中所占的空间是不固定的，实际的取值范围受限于计算机的内存大小。

整数类型共有 4 种进制表示：十进制、二进制、八进制和十六进制。默认情况下整数采用十进制，其他三种进制需要增加引导符号，如表 2-1 所示。

（1）十进制：最普通的整数就是十进制形式的整数。

（2）二进制：以 0b 或者 0B 开头的整数类型。

（3）八进制：以 0o 或者 0O 开头。

（4）十六进制：以 0x 或者 0X 开头，其中 10~15 分别是 a~f（此处的 a~f 不区分大小写）

表 2-1　整数类型的 4 种进制表示方法

进制种类	引导符号	描述
十进制	无	默认整数类型。例：12, 217, 1001, -23, -1010
二进制	0B 或 0b	由字符 0 和 1 组成。例：0b10100, 0B10010, 0b11
八进制	0o 或 0O	由字符 1~7 组成。例：0o127, 0O277, 0o777
十六进制	0x 或 0X	由字符 0~9、A~F（或 a~f）组成。例：0x12AC, 0Xf23b

例 2_1_Integer. py

```
#十六进制的类型
hex_value1 = 0x13
hex_value2 = 0XaF
print("hexValue1 的值为:"",hex_value1)
print("hexValue2 的值为："",hex_value2)
#二进制类型的整数
bin_val = 0b111
bin_va2 = 0B101
print("binVa1 的值为："",bin_val)
print("binVa2 的值为："",bin_va2)
#八进制的整数类型
otc_va1 = 0o54
```

```
print("otcVa1 的值为: "",otc_va1)
otc_va2 = 0O17
print("otcVa2 的值为: "",otc_va2)
#浮点型
one_million = 1_000_000
print(one_million)
price = 234_234_234
android = 1234_1234
print(price,android)
```

执行结果如下：

```
hexValue1 的值为:  19
hexValue2 的值为:  175
binVa1 的值为:  7
binVa2 的值为:  5
otcVa1 的值为:  44
otcVa2 的值为:  15
1000000
234234234 12341234
```

整数可以进行加（+）、减（-）、乘（*）、除（/）、取余（%）、幂次方（**或使用内置函数 pow(x，y)）等计算。

2.2.2 浮点类型

浮点数表示带有小数的数值，小数部分可以为 0，在 Python 中用 float 表示。浮点数有两种表示方法：十进制形式和科学计数法。

1. 十进制形式

十进制形式就是数学中的小数形式，如 34.6、346.0、0.346。

书写小数时必须包含一个小数点，否则会被 Python 当作整数处理。

2. 科学计数法

Python 小数的科学计数法的写法为：

aEn 或 aen，a 为尾数部分，是一个十进制数；n 为指数部分，是一个十进制整数；E 或 e 是固定的字符，用于分割尾数部分和指数部分。整个表达式等价于 $a×10^n$。

例如：

2.1E5 = $2.1×10^5$，其中 2.1 是尾数，5 是指数。

3.7E-2 = $3.7×10^{-2}$，其中 3.7 是尾数，-2 是指数。

0.5E7 = $0.5×10^7$，其中 0.5 是尾数，7 是指数。

注意，只要写成指数形式就是小数，即使它的最终值看起来像一个整数。例如 14E3 等价于 14000，但 14E3 是一个小数。

3. float( ) 函数

可以将整数和字符串转换成浮点数。

例如：字符串 "123" 通过 float("123") 转换后成为小数 123.0。

例 2_2_float. py

```
#科学计数法
print("44E2 的类型为：",type(44E2))
#整数转为浮点数
a = 1
print("a 的类型为：",type(a))
print(float(a))
print("转换后 a 的类型为：",type(float(a)))
#字符串转为浮点数
b = "123"
print("b 的类型为：",type(b))
print(float(b))
print("转换后 b 的类型为：",type(float(b)))
```

执行结果如下：

```
44E2 的类型为：<class 'float' >
a 的类型为：<class 'int' >
1.0
转换后 a 的类型为：<class 'float' >
b 的类型为：<class 'str' >
123.0
转换后 b 的类型为：<class 'float' >
```

2.2.3 复数类型

复数由实部（real）和虚部（imag）构成，在 Python 中，复数的虚部以 j 或者 J 作为后缀，具体格式为：$a + bj$，其中 a 表示实部，b 表示虚部。例如：4.34-8.5j，-1.23-3.5j，64.23+1j。

complex( ) 函数用于创建一个复数或者将一个数或字符串转换为复数形式，其返回值为一个复数。该函数的语法为：

class complex(real,imag)

其中，real 可以为 int、long、float 或字符串类型；而 image 只能为 int、long 或 float 类型。

注意：若第一个参数为字符串，第二个参数必须省略；若第一个参数为其他类型，则第二个参数可以选择。

例 2_3_complex. py

```
a=4. 7+0. 666j                #定义一个复数
print(a)                       #输出这个复数
print(a. real)                 #输出实部
print(a. imag)                 #输出虚部
print(complex(1))              #数字
print(complex(1,2))            #数字
print(complex("1"))            #当作字符串处理
print(complex("1 + 2j"))       #会出错,+号两边不能有空格,否则会报错
print(complex("11",15))        #第一个参数为字符串,还添加第二个参数时会报错
```

执行结果如下:

```
(4. 7+0. 666j)
4. 7
0. 666
(1+0j)
(1+2j)
(1+0j)
ValueError
ValueError:complex() arg is a malformed string
```

2.3　组合数据类型

上一节介绍了基本数据类型,包括整数类型、浮点数类型和复数类型,这些类型仅能表示一个数据。然而,实际计算中却存在大量同时处理多个数据的情况,这需要将多个数据有效组织起来并统一表示,这种能够表示多个数据的类型称为组合数据类型。

组合数据类型能够将多个同类型或不同类型的数据组织起来,通过单一地表示使数据操作更有序、更容易。Python 内置的常用组合数据类型有字符串、列表、元组和字典。

2.3.1　字符串类型

二维码 2-2　字符串

字符串是字符的序列表示,可以由一对单引号('）、双引号("）或三引号("'）构成。字符串包括两种序号体系:正向递增序号和反向递减序号。如果字符串长度为 L,正向递增需要以最左侧字符序号为 0,向右依次递增,最右侧字符序号为 $L-1$;反向递减序号以

最右侧字符序号为-1，向左依次递减，最左侧字符序号为-L。这两种索引字符的方法可以在一个表示中使用。

　　Python 字符串也提供区间访问方式，采用［N：M］格式，表示字符串中从 N 到 M（不包含 M）的子字符串，其中，N 和 M 为字符串的索引序号，可以混合使用正向递增序号和反向递减序号。如果表示中 M 或者 N 索引缺失，则表示字符串把开始或结束索引值设为默认值。例如：name = " python 程序设计"，则该字符串的两种序号表示体系如图 2-1 所示。

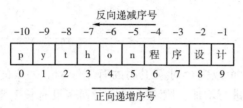

图 2-1　Python 字符串的两种序号体系

Python 提供了 5 个字符串的基本操作符，如表 2-2 所示。

表 2-2　字符串的基本操作符

操作符	描述
a in s	如果 a 是 s 的子串，返回 True，否则返回 False
$a+b$	连接两个字符串 a 和 b
$a*n$ 或 $n*a$	复制 n 次字符串 a
str[i]	索引，返回第 i 个字符
str[N：M]	切片，返回索引第 N~M 的子串，其中不包含 M

　　Python 解释器提供了一些与字符串处理有关的内置函数，其中 len(x) 和 str(x) 使用最多。

　　len(x) 返回字符串 x 的长度，字符串中英文和中文字符都是 1 个长度单位。str(x) 返回 x 的字符串形式，其中，x 可以是数字类型或其他类型。

　　与字符串操作符和内置函数有关的实例如例 2_4_string. py 所示。

　　例 2_4_string. py

```
name="中华民族"+"伟大复兴"
print(name)
print("中华民族" in name)
print("中华民族"*3)
print(name[- 1])
print(name[0:2])
print(len("全面建成小康社会"))
print(str(100.56))
```

执行结果如下：

中华民族伟大复兴
True
中华民族中华民族中华民族
兴
中华
8
100.56

2.3.2 列表类型

列表（list）是包含 0 个或多个对象引用的有序序列。列表的长度和内容都是可变的，可自由对列表中的数据项进行增加、删除或替换。列表没有长度限制，元素类型可以不同，使用非常灵活。列表也支持成员关系操作符（in）、长度计算函数（len()）、分片([ ])，可以同时使用正向递增序号和反向递减序号。列表使用中括号([ ])表示，也可以通过list()函数将字符串等其他数据类型转化成列表，直接使用list()函数会返回一个空列表。

例 2_5_list.py

```
ls=[123,"python",321]
print(ls)
print(ls[0])
print(list("中国越来越好"))
print(list())
```

执行结果如下：

```
[123, 'python' , 321]
123
['中', '国', '越', '来', '越', '好']
[]
```

列表类型常用的函数或方法如表 2-3 所示。

表 2-3 列表类型常用的函数或方法

函数或方法	描述
ls[i] =x	替换列表 ls 第 i 数据项为 x
ls[i: j] =lt	用列表 lt 替换列表 ls 中第 $i \sim j$ 项数据（不含第 j 项，下同）
del ls[i: j]	删除列表 ls 第 $i \sim j$ 项数据，等价于 ls [i: j] = [ ]
ls+=lt 或 ls.extend(lt)	将列表 lt 元素增加到列表 ls 中
ls * =n	更新列表 ls，其元素重复 n 次
ls.append(x)	在列表 ls 最后增加一个元素 x
ls.clear()	删除 ls 中所有元素

函数或方法	描述
ls. copy( )	生成一个新列表，复制 ls 中所有元素
ls. insert(i，x)	在列表 ls 第 i 位置增加元素 x
ls. pop(i)	将列表 ls 中第 i 项元素取出并删除该元素
ls. remove(x)	将列表中出现的第一个元素 x 删除
ls. reverse(x)	列表 ls 中元素反转

上述操作符主要处理列表的增、删、改等功能，如例 2_6_list. py 所示。

例 2_6_list. py

```
list=[1,2,3,4,5]
print(len(list[1:4]))
print(2 in list)
list[2]="中国"
print(list)
```

执行结果如下：

```
3
True
[1, 2, '中国', 4, 5]
```

列表是一个十分灵活的数据结构，它具有处理任意长度、混合类型数据的能力，并提供了丰富的基础操作符和方法。当程序需要使用组合数据类型管理批量数据时，请尽量使用列表类型。

2.3.3 元组类型

元组（tuple）是包含 0 个或多个数据项的不可变序列类型。元组生成后是固定的，其中任何数据项不能替换或删除。元组类型在表达固定数据项、函数多返回值、多变量同步赋值、循环遍历等情况下十分有用。Python 中元组采用逗号和圆括号（可选）表示，生成元组只需要使用逗号将元素隔离开即可，可以增加圆括号，但圆括号在不混淆语义的情况下不是必需的。例如：

例 2_7_tuple. py

```
tuple1="python",123,"china"
print(tuple1)
x,y="love","china"
print(x,y)
for a,b in((1,2),(2,3),(7,8)):
    print(a,b)
```

执行结果如下：

```
('python' , 123, 'china' )
lovechina
1 2
2 3
7 8
```

2.3.4 字典类型

在编程术语中，根据一个信息查找另一个信息的方式构成了键值对，它表示索引用的键和对应的值构成的成对关系，即通过特定的键来访问值。字典是包含 0 个或多个键值对的集合，没有长度限制。

通过任意键信息查找一组数据中值信息的过程叫映射，Python 语言中通过字典实现映射。Python 语言中的字典可以通过大括号（{}）建立，建立模式如下：

二维码 2-3　字典

{<键 1>:<值 1>,<键 2>:<值 2>,....,<键 n> :<值 n>}

其中，键和值通过冒号连接，不同键值对通过逗号隔开。键值对之间没有顺序且不能重复。下面是一个简单的字典，它存储省份和省会城市的键值对。一般来说，字典中键值对的访问模式如下，采用中括号格式：<值>=<字典变量>［<键>］字典中对某个键值的修改可以通过中括号的访问和赋值实现。

例 2_8_dict. py

```
city={"山东":"济南","江苏":"南京","浙江":"杭州"}
print(city)
city["山东"]="泉城济南"
print(city)
```

执行结果如下：

```
{'山东':'济南','江苏':'南京','浙江':'杭州'}
{'山东':'泉城济南','江苏':'南京','浙江':'杭州'}
```

字典在 Python 内部也已采用面向对象方式实现，因此也有一些对应的方法，采用<a>.<b>( ) 格式，此外，还有一些函数能够用于操作字典，这些函数和方法如表 2-4 所示。

表 2-4　字典类型的函数和方法

函数和方法	描述
<d>. keys( )	返回所有的键信息
<d>. values( )	返回所有的值信息

续表

函数和方法	描述
<d>. items( )	返回所有的键值对
<d>. get(<key>,<default>)	键存在则返回相应值，否则返回默认值
<d>. pop(<key>,<default>)	键存在则返回相应值，同时删除键值对，否则返回默认值
<d>. popitem( )	随机从字典中取出一个键值对，以元组（key，value）形式返回
<d>. clear( )	删除所有的键值对
del <d>[<key>]	删除字典中某一个键值对
<key> in <d>	如果键在字典中返回 True，否则返回 False

上述方法的例子如下：

例 2_9_dict. py

```
city={"山东":"泉城济南","江苏":"南京","浙江":"杭州"}
print(city. keys())
print(city. values())
print(city. items())
print(city. get("山东"))
```

执行结果如下：

```
dict_keys(['山东', '江苏', '浙江'])
dict_values(['泉城济南', '南京', '杭州'])
dict_items([('山东', '泉城济南'), ('江苏', '南京'), ('浙江', '杭州')])
泉城济南
```

字典是实现键值对映射的数据结构，它采用固定数据类型的键数据作为索引，十分灵活，具有处理任意长度、混合类型键值对的能力。

2.4　程序控制结构

2.4.1　分支结构

1. 单分支结构：if 语句

单分支结构基本语法格式如下：

if 表达式：
　　语句块

当表达式值为 True 或其他与 True 等价的值时，表示条件满足，语句块被执行，否则该语句块不被执行，而是继续执行 if 后面的代码（如果有的话），控制流程如图 2-2 所示。

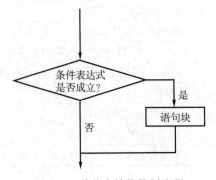

图 2-2　单分支结构控制流程

例 2_10_if.py

```
score=78
if score>=60:
    print("及格!")
```

执行结果如下：

及格!

2. 双分支结构：if-else 语句

双分支结构的基本语法格式如下：

if 表达式：
　　语句块 1
else：
　　语句块 2

当表达式值为 True 或其他与 True 等价的值时，表示条件满足，语句块 1 被执行，否则执行语句块 2，控制流程如图 2-3 所示。

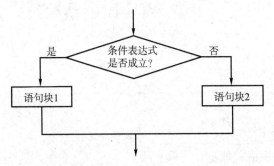

图 2-3　双分支结构控制流程

例 2_11_if-else. py

```
score=58
if score>=60:
    print("及格!")
else:
    print("不及格!")
```

执行结果如下:

不及格!

3. 多分支结构: if-elif-else 语句

多分支结构的基本语法格式如下:

```
if 表达式 1:
    语句块 1
elif 表达式 2:
    语句块 2
……
else:
    语句块 n
```

多分支结构是二分支结构的扩展, 这种形式通常用于设置同一个判断条件的多条执行路径。Python 依次评估寻找第一个结果为 True 的条件, 执行该条件下的语句块, 结束后跳过整个 if-elif-else 结构, 执行后面的语句。如果没有任何条件成立, else 下面的语句块将被执行。else 子句是可选的。控制流程如图 2-4 所示。

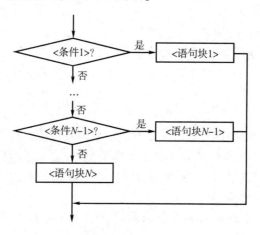

图 2-4 多分支结构控制流程

接下来通过一个案例来实现对学生考试成绩进行等级划分的程序, 如例 2_12_elif. py 所示。

例 2_12_elif. py

```
score＝int(input("请输入考试成绩:"))
if score>=90:
    print("该成绩等级为 A!")
elif score>=80:
    print("该成绩等级为 B!")
elif score>=70:
    print("该成绩等级为 C!")
elif score>=60:
    print("该成绩等级为 D!")
else:
    print("该成绩等级为 E!")
```

执行结果如下：

```
请输入考试成绩:85
该成绩等级为 B!
```

2.4.2 循环结构

根据循环执行次数的确定性，循环可以分为确定次数循环和非确定次数循环。确定次数循环指循环体对循环次数有明确的定义，这类循环在 Python 中被称为"遍历循环"，采用 for 语句实现。非确定次数循环指程序不确定循环体可能的执行次数，而通过条件判断是否继续执行循环体，这类循环在 Python 中被称为无限循环，采用 while 语句实现。

1. 遍历循环：for 语句

遍历循环的基本语法格式如下：

for 循环变量 in 遍历结构：

　　语句块
[else:
　　else 子句代码块]

执行过程为从遍历结构中逐一提取元素，放在循环变量中，对于所提取的每个元素执行一次语句块。遍历结构可以是字符串、组合数据类型、range( ) 函数、文件等。else 语句为可选语句，当 for 循环正常执行后，程序会继续执行 else 语句中的内容。注意：else 语句只在循环正常执行并结束后才执行。

接下来通过一个案例实现 1~100 累加求和的程序，如例 2_13_for. py 所示。

例 2_13_for. py

```
sum＝0
for n in range(1,101):
    sum＝sum+n
print("1- 100 累加求和结果为 : {}". format(sum))
```

执行结果如下：

1- 100 累加求和结果为：5050

2. 无限循环：while 语句

无限循环的基本语法格式如下：

```
while 条件表达式：
    语句块
[else：
    else 子句代码块]
```

执行过程为当条件表达式为 True 时，循环体重复执行语句块中的语句；当条件表达式为 False 时，循环终止，执行与 while 同级别缩进的后续语句。else 语句为可选语句，当 while 循环正常执行后，程序会继续执行 else 语句中的内容。注意：else 语句只在循环正常执行并结束后才执行。

接下来通过 while 循环实现 1~100 累加求和的程序，如例 2_14_while. py 所示。

例 2_14_while. py

```
n＝1
sum＝0
while n＜＝100:
    sum＝sum+n
    n＝n+1
print("1- 100 累加求和结果为：{}". format(sum))
```

执行结果如下：

1- 100 累加求和结果为：5050

3. 循环保留字：break 与 continue

循环结构有两个保留字——break 和 continue，用来辅助控制循环的执行。

break 语句的作用是跳出最内层 for 或 while 循环，脱离该循环后程序从循环代码后继续执行。

例 2_15_continue. py

```
for s in "HelloWorld":
    if s＝＝"W":
        continue
    print(s,end＝' ')
```

执行结果如下：

Helloorld

例 2_16_ break. py

```
for s in "HelloWorld":
    if s = = "W":
        break
    print(s,end=' ')
```

执行结果如下：

Hello

2.5 函数

2.5.1 函数的基本使用

二维码 2-4 函数的基本使用

1. 函数的定义

函数是一段组织好的、可重复使用的、用来实现特定功能的代码段。使用函数不但可以降低代码的重复率、提高代码的重用率，还可以提高应用的模块化设计。Python 提供了很多内置函数，如 print( )。除此之外，也可以根据需求定义一个函数完成想要实现的功能。

自定义函数的语法格式如下：

def 函数名(参数列表)：
函数体
return 表达式

基于以上语法格式，函数定义的规则说明如下：

（1）函数代码块以 def 开头，后面紧跟函数名和圆括号( )；

（2）函数的参数列表放在圆括号内；

（3）函数内容以冒号开始，并且锁紧；

（4）return 表示函数结束，返回表达式的值。

定义一个能够完成两数求和的函数，如例 2_17_func. py 所示。

2. 函数的调用

定义了函数之后，就有了一段完成特定功能的代码，要想让这些代码执行，需要调用函数。

函数调用和执行的语法格式如下：

函数名(参数列表)

函数的调用如例 2_17_sum. py 所示。

例 2_17_sum. py

```
def sum(a,b):
    c＝a+b
    return c
c＝sum(10,20)
print(c)
```

执行结果如下：

```
30
```

3. 函数的参数

在定义函数时，如果有些参数的值不一定在调用函数时传入，可以在函数定义时为这些参数指定默认值。

当函数被调用时，如果没有传入对应的参数值，则使用函数定义时的默认值，如例 2_18_print. py所示。

例 2_18_print. py

```
def print_info(str,times＝3):
    print(str* times)
print_info("Python")
print_info("Python",5)
```

执行结果如下：

```
PythonPython Python
PythonPython Python Python Python
```

2.5.2　Python 内置函数

Python 解释器提供了 68 个内置函数用于实现各种功能，这些函数在 Python 中被自动加载，不需要引用库就可以直接使用。本书只对部分常用函数的使用加以说明。

1. abs( ) 函数

abs( )函数返回数字的绝对值，例如：

```
print (abs(- 10))
print (abs(10))
```

执行结果如下：

```
10
10
```

2. max( ) 函数

max( ) 函数返回给定参数的最大值，参数可以为序列，例如：

```
print (max(13,45,78,34))
```

执行结果如下：

```
78
```

3. min( ) 函数

min( ) 函数返回给定参数的最小值，参数可以为序列，例如：

```
print (min(13,45,78,34))
```

执行结果如下：

```
13
```

4. pow( ) 函数

pow( ) 函数返回 x^y（x 的 y 次方）的值，例如：

```
print (pow(3,2))
```

执行结果如下：

```
9
```

5. round( ) 函数

round( ) 函数返回浮点数 x 的四舍五入值，例如：

```
print (round(23. 5678))
print (round(23. 5678,2))
```

执行结果如下：

```
24
23. 57
```

6. sum( ) 函数

sum( ) 方法对序列进行求和计算，例如：

```
print (sum([0,1,2]))
print (sum((2, 3, 4), 1))          # 元组计算总和后再加 1
```

执行结果如下：

```
3
10
```

7. len( ) 函数

len( )函数返回对象（字符、列表、元组等）长度或项目个数，例如：

```
print (len("hello"))
print (len([1,2,3,4,5]))
```

执行结果如下：

```
5
5
```

8. eval( ) 函数

eval( )函数用来执行一个字符串表达式，并返回表达式的值，例如：

```
x = 7
print (eval( ' 3 *  x' ))
print (eval(' pow(2,2)' ))
```

执行结果如下：

```
21
4
```

9. help( ) 函数

help( )函数用于查看函数或模块用途的详细说明，例如：

```
help('sys' )              #查看 sys 模块的帮助
#……显示帮助信息……
help('str' )              #查看 str 数据类型的帮助
#……显示帮助信息……
```

10. type( ) 函数

type( )函数返回对象的类型，例如：

```
a=123
print (type(a))
a="python"
print (type(a))
```

执行结果如下：

```
<class 'int' >
<class 'str' >
```

2.6 Python 库

2.6.1 库的介绍

Python 语言中，除了 2.5.2 小节中提到的 Python 内置函数不需要引用库即可使用外，其他一些库中的函数需要引用库才能使用。Python 语言有标准库和第三方库两类库，标准库随 Python 安装包一起发布，用户可以随时使用，第三方库需要安装后才能使用。常用的 Python 标准库及功能如表 2-5 所示，常用的 Python 第三方库及功能如表 2-6 所示。

表 2-5　常用的 **Python** 标准库及功能

库名	功能
math	为浮点运算提供了对底层 C 函数库的访问
random	提供了生成随机数的工具
datetime	支持日期和时间算法的同时，更有效地处理和格式化输出
turtle	用于图形绘制
os	提供了不少与操作系统相关联的函数

表 2-6　常用的 **Python** 第三方库及功能

库名	功能
numpy	用于数组运算的数学函数库
pandas	用于数据预处理、清洗、分析
scrapy	爬虫工具常用的库
requests	简洁且简单地处理 HTTP 请求
pillow	是 PIL（Python 图形库）的一个分支，图像处理库
matplotlib	绘制数据图的库
OpenCV	图片识别常用的库，通常在练习人脸识别时会用到

2.6.2 库的使用

本节以 turtle 标准库为例介绍库的导入和使用。Python 英文是"蟒蛇"的意思，本节以画蟒蛇为例讲解 Python 中 turtle 库的使用。

例 2_19_是红色五角星绘制的源码，图 2-5 所示为该示例的输出效果。

例 2_19_DrawPython. py

二维码 2-5 库的使用

```
import turtle
turtle.setup(600, 400, 200, 200)        #启动一个图形窗口
turtle.penup()                          # 抬笔
turtle.fd(- 100)                        # 后退 100
turtle.pendown()                        # 落笔
turtle.pensize(5)                       # 画笔的大小(像素)
turtle.pencolor(' red' )                # 画笔的颜色(单词,数字)
turtle.color(' yellow' , ' red' )       # 画笔的颜色为黄色,填充的颜色为红色
turtle.begin_fill()                     # 填充颜色开始语句
for i in range(5):                      # 循环语句
    turtle.forward(200)                 # 画笔前进的步长为 200 像素
    turtle.right(144)
turtle.end_fill()                       # 填充颜色结束语句
turtle.done()
```

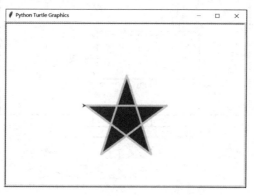

图 2-5 红色五角星绘制输出效果

turtle 库是 Python 语言中一个很流行的绘制图像的函数库，想象一只小乌龟，在一个横轴为 x、纵轴为 y 的坐标系中，从原点（0，0）位置开始，根据一组函数指令的控制在这个平面坐标系中移动，从而在它爬行的路径上绘制了图形。

1. turtle 库的引用

import turtle

import 是一个关键字，用来引入一些外部库，这里的含义是引入一个名字叫 turtle 的函数库。

import 引用函数库的方式有 3 种：

1）import<库名>

例如：import turtle

2）from <库名> import ＊，＊为通配符，表示所有函数

例如：from turtle import ＊

3）import（库名）as ＊（别名）

例如：import turtle as t

2. turtle 库的语法元素分析

1）绘图坐标体系

刚开始绘制时，小乌龟位于画布正中央，此处坐标为（0,0），行进方向为水平向右。Python turtle 库绘图坐标体系如图 2-6 所示。

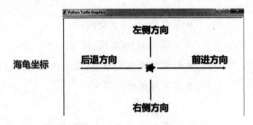

图 2-6　Python turtle 库绘图坐标体系

turtle. setup（width，height，startx，starty）

作用：设置主窗体的大小，各参数含义如图 2-7 所示。

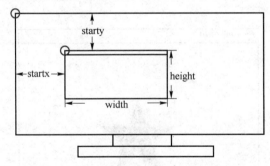

图 2-7　tutle. setup（）函数 4 个参数的意义

2）画笔控制函数

turtle. penup（）：抬起画笔，之后移动画笔不绘制形状。

turtle. pendown（）：落下画笔，之后落下画笔将绘制形状。

turtle. pensize（）：设置画笔的宽度。

turtle. pencolor（）：设置画笔的颜色。

turtle. speed（speed）：设置画笔移动速度，画笔绘制的速度范围为［0,10］内的整数，数字越大越快。

3）绘图控制函数

turtle. fd ( )：控制画笔向当前行进方向前进一个距离。

turtle. seth ( )：改变画笔绘制方向。

turtle. circle ( )：画圆，半径为正（负），表示圆心在画笔的左边（右边）画圆。

turtle. fillcolor (colorstring)：绘制图形的填充颜色。

turtle. filling ( )：返回当前是否在填充状态。

turtle. begin_fill ( )：准备开始填充图形。

turtle. end_fill ( )：填充完成。

turtle. hideturtle ( )：隐藏画笔的 turtle 形状。

turtle. showturtle ( )：显示画笔的 turtle 形状。

课程思政小课堂

好好学习，天天向上

在百端待举、日理万机中，毛泽东仍然念念不忘少年儿童的教育与健康。1950 年 6 月 19 日，毛泽东写信给当时的教育部部长马叙伦："要各校注意健康第一，学习第二。营养不足，宜酌增经费。" 1951 年 9 月底，毛泽东接见安徽省参加国庆的代表团，代表团成员中有渡江小英雄马毛姐。毛泽东关切地问她念书情况，还送她一本精美的笔记本，并且在扉页上题词：好好学习，天天向上。这 8 个字的题词迅速在全国传播开来，成为激励一代代中国人奋发图强的经典短语。那么"天天向上"的力量有多强大呢？大家用 Python 程序来计算一下吧。

（1）一年 365 天，将第一天的能力值记作 1 作为基数，当好好学习时能力值相比前一天提高 1%，当放任时相比前一天下降 1%。每天努力和每天放任，一年下来的能力值相差多少呢？

（2）一年 365 天，一周 5 个工作日，如果每个工作日都很努力，可以提高 1%，周末 2 天放任一下，能力值下降 1%，一年下来的能力值差多少呢？

（3）每周工作 5 天，周末休息 2 天，休息日能力值下降 1%，计算工作日要努力到什么程度，一年后的能力值才与每天努力 1% 取得的效果一样。

思考与练习

1. 汇率兑换程序。按照 1 美元 = 6 元人民币的汇率编写一个美元和人民币的双向兑换程序。

2. 统计不一样字符个数。用户从键盘输入一行字符，编写一个程序，统计并输出其中的英文字符、数字、空格和其余字符的个数。

3. 用以下词汇创建列表和字典：人民幸福、高质量发展、中国式现代化、科技创新、党的领导、和平外交。用 Python 实现对所建列表和字典的遍历输出。

4. 猜数字游戏。在程序中预设一个 0~9 之间的整数，让用户通过键盘输入所猜的数，如果大于预设的数，显示"遗憾，太大了"；小于预设的数，显示"遗憾，太小了"。如此循环，直至猜中该数，显示"预测 N 次，你猜中了!"，其中 N 是用户输入数字的次数。

5. 实现 isOdd ( ) 函数，参数为整数，如果参数为奇数，返回 True，否则返回 False。

第 3 章 数据预处理

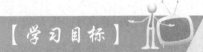

【学习目标】

1. 了解原始数据存在的主要问题和数据预处理的意义；
2. 熟悉数据预处理的常用方法、作用和工作任务；
3. 掌握数据预处理的 4 种过程和相关技术，学会数据处理工具平台的搭建。

数据预处理（Data Preprocessing）是指在主要处理前对数据进行的一些处理，它是一系列对数据操作的统称。数据预处理的目的是保证数据的质量，以便能够更好地为后续的分析、建模工作服务。在实际项目中拿到的数据往往是杂乱无章的（数据缺失、数据不一致、数据重复等），无法直接进行数据挖掘，或挖掘结果差强人意。低质量的数据将会导致低质量的挖掘结果。数据预处理技术旨在提高数据挖掘的质量。常见的数据预处理技术有数据清洗、数据集成、数据规范、数据转换等，其中最常用的是数据清洗和数据集成。

3.1 数据清洗

数据清洗（Data Cleaning）是指消除数据中存在的噪声及纠正其不一致的错误，旨在解决数据质量问题，使得数据更加适合被挖掘。数据处理过程中，往往会对异构数据进行处理，这些数据并不都是正确的，不可避免地存在着不完整、不一致、不精确和重复的数据，这些数据统称为"脏数据"。数据清洗主要通过填补缺失值、去除重复数据、平滑噪声数据或删除离群点（异常值）等措施来处理这些脏数据，从而纠正数据的不一致性来达到清洗的目的。

二维码 3-1 缺失数据处理

3.1.1 缺失数据处理

缺失值，指的是缺少的数据，这是最常见的数据问题。数据分析过程中会面对很多缺失值，其产生原因不同，有的是由于隐私的原因故意隐去，有的是变量本身就没有数值，有的是数据合并时不当操作产生的数据缺失。客观来看，缺失值产生的原因主要分为机械原因和人为原因。机械原因是由于机械原因导致的数据收集或保存的失败造成的数据缺失，如数据存储的失败、存储器损坏、机械故障导致某段时间数据未能收集（对于定时数据采集而言）。人为原因是由于人的主观失误、历史局限或有意隐瞒造成的数据缺失，如在市场调查中被访人拒绝透露相关问题的答案。

缺失值的处理方法主要分为三类：删除记录、数据插补和不处理。因此，从总体上来说分为删除存在缺失值的个案和对缺失值的插补。对于主观数据，人将影响数据的真实性，存在缺失值的样本，其他属性的真实值不能保证，那么依赖于这些属性值的插补也是不可靠的，所以对于主观数据一般不推荐插补的方法。插补主要是针对客观数据，可靠性有保证。

1. 删除记录

删除记录，即删除含有缺失值的个案。删除记录主要有简单删除法和权重法。简单删除法是对缺失值进行处理的最原始方法，它将存在缺失值的个案删除。如果数据缺失问题可以通过简单地删除小部分样本来得到解决，那么可以采用简单删除法。当缺失值的类型为非完全随机缺失时，可以通过对完整的数据加权来减小偏差。把数据不完全个案标记后，将完整的数据个案赋予不同的权重，个案的权重可以通过 logistic 或 probit 回归求得。对于存在多个属性缺失的情况，需要对不同属性的缺失组合赋予不同的权重，这将大大增加计算的难度，降低预测的准确性，这时权重法并不理想。

2. 数据插补

数据插补，也称可能值插补缺失值。其思想来源是：以最可能的值来插补缺失值比全部删除不完全样本所产生的信息丢失要少。常用的数据插补方法如表 3-1 所示，按照手段来说，可以分为以下三类：以业务知识或经验推测填充缺失值；以同一指标的计算结果（均值、中位数、众数等）填充缺失值；以不同指标的计算结果填充缺失值。常用的插值法有拉格朗日插值法、牛顿插值法、Hermite 插值法、分段插值法、样条插值法等。

表 3-1 常用的数据插补方法

插补方法	方法描述
均值、中位数、众数	根据属性值的类型，用该属性取值的均值、中位数、众数进行插补
固定值插补	将缺失的属性值用一个常量替换
最近临插补	在记录中找到与缺失样本数据最接近样本的该属性值插补
回归方法	根据已有数据和与其有关的其他变量（因变量）数据建立拟合模型来预测缺失值
插值法	利用已知点建立合适的插值函数 $f(x)$，由对应点 x_i 求出函数值 $f(x_i)$ 近似代替

例 3_1_Lagrange Interpolation. py

```
#拉格朗日插值实现数据插补
import pandas as pd                              #导入数据分析库 pandas
from scipy. interpolate import lagrange          #导入拉格朗日插值函数
```

```
inputfile = '.. /data/catering_sale. xls'          #销量数据路径
outputfile = '.. /tmp/sales. xls'                   #输出数据路径
data =pd. read_excel(inputfile)                     #读入数据
data[u' 销量' ][(data[u' 销量' ] < 100) | (data[u' 销量' ] > 7000)] = None   #过滤异常值
defployinterp_column(s, n, k=5):        #自定义列向量插值函数,s 为列向量,n 为被插值的位置,k 为取
前后的数据个数,默认为 5
        y = s[list(range(n- k, n)) + list(range(n+1, n+1+k))]    #取数
        y = y[y. notnull()]                         #剔除空值
        return lagrange(y. index, list(y))(n)       #插值并返回插值结果
    fori in data. columns:                          #逐个元素判断是否需要插值
        for j in range(len(data)):
            if (data[i]. isnull())[j]:               #如果为空即插值
                data[i][j] = ployinterp_column(data[i], j)
    data. to_excel(outputfile)                      #输出结果,写入文件
```

pandas 是 Python 中一个数据分析与清洗的库，是基于 numpy 库构建的。numpy 是 Python 中科学计算的第三方库，代表"Numeric Python"。pandas 作为在 Python 中一个数据分析与清洗的库，在数据清洗中主要用于处理数据缺失值、处理数据重复值和数据合并。

实验结果如图 3-1 所示。左侧为原始数据，右侧为插值后的处理效果。拉格朗日插值法在进行插值之前，会对数据进行异常值检测，发现数据大于 7 000 的，要对此日期对应的数据定义为空缺值，然后进行补数。利用拉格朗日插值对缺失的 2015/2/14 这天的原始销量数据进行插补，结果是 4 156.86。对比分析，这天是周末，而周末的销售额一般要比周一到周五多，所以插值结果比较符合实际情况。从图 3-1 中可以看出，经拉格朗日插值法后的空缺值会得以补充，其他值均保持正常。

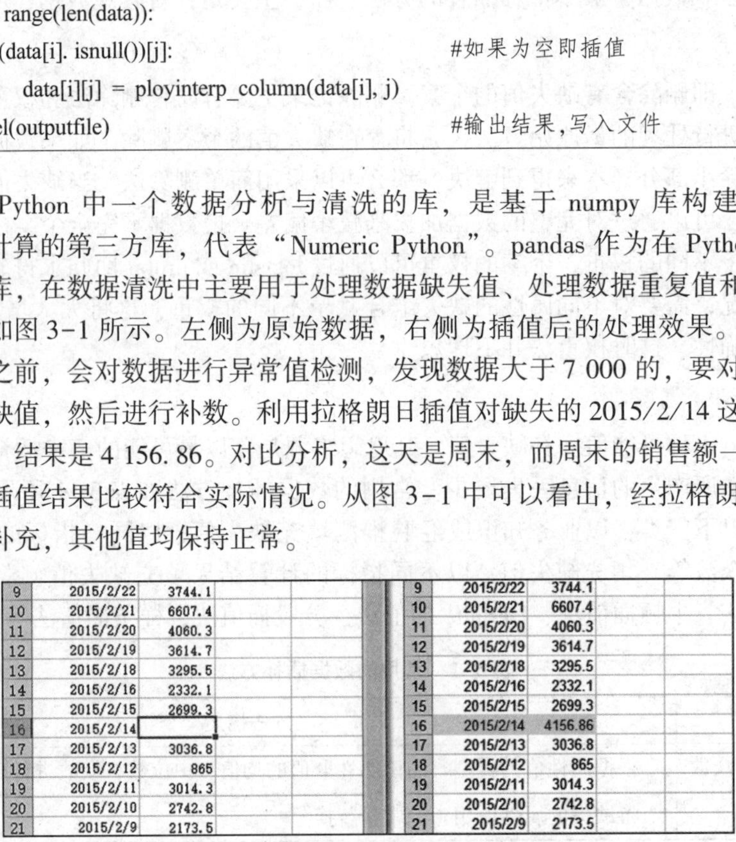

9	2015/2/22	3744.1		9	2015/2/22	3744.1
10	2015/2/21	6607.4		10	2015/2/21	6607.4
11	2015/2/20	4060.3		11	2015/2/20	4060.3
12	2015/2/19	3614.7		12	2015/2/19	3614.7
13	2015/2/18	3295.5		13	2015/2/18	3295.5
14	2015/2/16	2332.1		14	2015/2/16	2332.1
15	2015/2/15	2699.3		15	2015/2/15	2699.3
16	2015/2/14			16	2015/2/14	4156.86
17	2015/2/13	3036.8		17	2015/2/13	3036.8
18	2015/2/12	865		18	2015/2/12	865
19	2015/2/11	3014.3		19	2015/2/11	3014.3
20	2015/2/10	2742.8		20	2015/2/10	2742.8
21	2015/2/9	2173.5		21	2015/2/9	2173.5

图 3-1 拉格朗日插值法处理缺失值效果图

在实际操作中，缺失数据的处理方法主要有 cleaned 方法、dropna 方法、isnull 方法、fillna 方法。如果想丢弃 pandas 中任何含有数据缺失值的行，可以使用 cleaned 方法来实现。如果想表明哪些数据是缺失值 NaN，可以使用 isnull 方法来实现。

如果只想丢弃全为 NaN 的行，基于 DataFrame 的 dropna( ) 方法可用 how = 'all' 来实现，一般格式如下：

DataFrame. dropna(axis,how,thresh,…)

相关参数说明：axis 值默认为 0，表示为按行滤除，设为 1 时表示按列滤除。how = 'all' 表示丢弃全为 NaN 的行或列。thresh 表示只保留有效数据数≥thresh 值的行或列。DataFrame

是一个表格型的数据类型。它含有一组有序的列，每列可以是不同的类型（数值、字符串等）。DataFrame 类型既有行索引又有列索引，因此它可以看作是由 Series 组成的字典。Series 和 DataFrame 是 pandas 库中两个最基本的数据类型。Series 是能够保存任何类型的数据（整数、字符串、浮点数、Python 对象等）的一维标记数组，并且每个数据都有自己的索引。此外，数据清洗时，为了方便展示数据，需用到 matplotlib 库。

例 3_2_dropna( ). py

```
import pandas as pd                                      #导入数据分析库 pandas
stu = pd. read_excel(' data\studentsInfo. xlsx' ,' Group1' ,index_col=0)
print(' 原始数据:' ,stu )                                 #打印原始数据
print(' 删除缺失值的行后:' ,stu. dropna())                  #默认删除包含缺失数据的行
print(' 有效数据个数≥8 的行:' ,stu. dropna(thresh=8) )      #保留有效数据个数≥8 的行
```

运行结果如下：从缺失值的所属属性上讲，原有数据缺失值的属性不一，有的是成绩，有的是年龄，有的是体重，有的是月生活费，属于任意缺失。即如果所有的缺失值都是同一属性，那么这种缺失称为单值缺失；如果缺失值属于不同的属性，称为任意缺失。使用 stu. dropna( ) 对原有数据处理后，含有缺失项的原始数据序号为 1、3、5 的行被滤除；使用 stu. dropna(thresh=8) 对原有数据处理后，有效数据个数为 7 的第五行数据被滤除，即只保留缺失 1 项或者信息不缺失的学生调查数据，缺 2 项及以上信息的被删除。

原始数据:

序号	性别	年龄	身高	体重	省份	成绩	月生活费	课程兴趣	案例教学
1	male	20.0	170	70.0	LiaoNing	NaN	800.0	5	4
2	male	22.0	180	71.0	GuangXi	77.0	1 300.0	3	4
3	male	NaN	180	62.0	FuJian	57.0	1 000.0	2	4
4	male	20.0	177	72.0	LiaoNing	79.0	900.0	4	4
5	male	20.0	172	NaN	ShanDong	91.0	NaN	5	4
6	male	20.0	179	75.0	YunNan	92.0	950.0	5	5
......									

删除缺失值的行后:

序号	性别	年龄	身高	体重	省份	成绩	月生活费	课程兴趣	案例教学
2	male	22.0	180	71.0	GuangXi	77.0	1 300.0	3	4
4	male	20.0	177	72.0	LiaoNing	79.0	900.0	4	4
6	male	20.0	179	75.0	YunNan	92.0	950.0	5	5
......									

有效数据个数≥8 的行:

序号	性别	年龄	身高	体重	省份	成绩	月生活费	课程兴趣	案例教学
1	male	20.0	170	70.0	LiaoNing	NaN	800.0	5	4
2	male	22.0	180	71.0	GuangXi	77.0	1 300.0	3	4
3	male	NaN	180	62.0	FuJian	57.0	1 000.0	2	4
4	male	20.0	177	72.0	LiaoNing	79.0	900.0	4	4
6	male	20.0	179	75.0	YunNan	92.0	950.0	5	5
......									

此外，从缺失的分布来看，缺失值可以分为完全随机缺失、随机缺失和完全非随机缺失。其中，完全随机缺失（Missing Completely at Random，MCAR）指的是数据的缺失是随机的，数据的缺失不依赖于任何不完全变量或完全变量。随机缺失（Missing at Random，MAR）指的是该类数据的缺失依赖于其他完全变量。完全非随机缺失（Missing Not at Random，MNAR）指的是数据的缺失依赖于不完全变量自身。

一般来说，缺失值的处理除了删除外，还可以采用替代法（估值法），利用已知经验值代替缺失值。DataFrame 的 fillna() 函数可以实现缺失值 NaN 的批量填充功能，格式如下：

DataFrame. fillna(value,method,inplace,…)

参数说明：value 为填充值，可以是标量、字典、Series 或 DataFrame。method 的方式有 'ffill' 和 'bfill' 这两种方式，'ffill' 表示用同列前一行数据填充，'bfill' 表示用同列后一行数据填充。fillna 方法还可以分常数填充、字典填充两种方式。常数填充会将缺失值更换为一个指定常数值，如 fillna(n)。字典填充可以以列为单位来进行，如 fillna({0：1，1：5，2：10})。inplace 的默认值为 False，表示产生一个新的数据对象。

例 3_3_fillna( ). py

```
import pandas as pd                          #导入数据分析库 pandas
stu = pd. read_excel(' data\studentsInfo. xlsx' ,' Group1' ,index_col=0)
print( ' 均值填充:' ,stu. fillna({' 年龄' :20,' 体重' :stu[' 体重' ]. mean()} ) )
print(' ffill 填充:' ,stu. fillna(method=' ffill' ) )    #每个空值用上一行同列的值填充
```

对"年龄"和"体重"列有缺失值的数据进行属性分析。数据的属性分为定距型和非定距型。如果缺失值是定距型的，以该属性存在值的平均值来插补缺失的值；如果缺失值是非定距型的，则根据统计学中的众数原理，用该属性的众数（出现频率最高的值）来补齐缺失的值。经分析，同一年级学生的年龄相差不大，可以用默认值填充，而"体重"这一属性值差别比较大，属于定距型的数据，用平均值来填充比较合适。

实验中，按列填充需要构造 {列索引名：值} 形式的字典对象作为实参。stu. fillna ({' 年龄' :20,' 体重' : stu [' 体重']. mean( ) })按照字典填充方式处理后的数据如下所示，原始数据中序号为 3 的年龄这一属性的缺失值被填充为均值 20.0，序号为 5 的体重这一属性的缺失值被填充为均值 63.666 667。相对来说，stu. fillna（method='ffill'）可知每个空值用上一行同列的值填充，如第五行缺失数据"年龄"被填充为上一行同列的值 22.0，第五行缺失数据"体重"和"月生活费"，这两个属性值分别被填充为上一行同列的值 72.0 和 900.0。由于部分数据结构是齐整的，如矩阵，缺失的数据会变成空值（NaN）留在其中，对后续的研究带来影响。

均值填充:

序号	性别	年龄	身高	体重	省份	成绩	月生活费	课程兴趣	案例教学
1	male	20.0	170	70.000 000	LiaoNing	NaN	800.0	5	4
2	male	22.0	180	71.000 000	GuangXi	77.0	1 300.0	3	4
3	male	20.0	180	62.000 000	FuJian	57.0	1 000.0	2	4
4	male	20.0	177	72.000 000	LiaoNing	79.0	900.0	4	4

| 5 | male | 20.0 | 172 | 63.666 667 | ShanDong | 91.0 | NaN | 5 | 5 |

……

ffill 填充：

序号	性别	年龄	身高	体重	省份	成绩	月生活费	课程兴趣	案例教学
1	male	20.0	170	70.0	LiaoNing	NaN	800.0	5	4
2	male	22.0	180	71.0	GuangXi	77.0	1 300.0	3	4
3	male	22.0	180	62.0	FuJian	57.0	1 000.0	2	4
4	male	20.0	177	72.0	LiaoNing	79.0	900.0	4	4
5	male	20.0	172	72.0	ShanDong	91.0	900.0	5	5

……

当缺失值的类型为随机缺失时，均值插补、同类均值插补、极大似然估计和多重插补这四种插补方法的插补效果很好。其中，均值插补和同类均值插补两种均值插补方法是最容易实现的，但是它对样本存在极大的干扰，尤其是当插补后的值作为解释变量进行回归时，参数的估计值与真实值的偏差很大。同均值插补，用层次聚类模型预测缺失变量的类型，再以该类型的均值插补。假设 $X=(X1, X2, \cdots, Xp)$ 为信息完全的变量，Y 为存在缺失值的变量，那么对 X 或其子集行聚类，然后按缺失个案所属类来插补不同类的均值。

相对而言，极大似然估计（Max Likelihood，ML）和多重插补（Multiple Imputation，MI）是两种比较好的插补方法。对于极大似然的参数估计常采用的计算方法是期望值最大化（Expectation Maximization，EM），该方法适用于大样本，以保证 ML 估计值服从正态分布。但这种方法可能会陷入局部极值，收敛速度较慢，并且计算很复杂。多重插补的思想来源于贝叶斯估计。多重插补方法分为三个步骤：

（1）据已观测值，为每个空值估计一套可能的插补值，形成多组可选插补值。

（2）每个插补数据集合都用针对完整数据集的统计方法进行统计分析。

（3）对来自各个插补数据集的结果，根据评分函数进行选择，产生最终的插补值。与多重插补对比，极大似然估计缺少不确定成分。

案例分析 1：假设有一组数据，包括三个变量 $Y1$、$Y2$、$Y3$。它们的联合分布为正态分布，将这组数据处理成三组，A 组保持原始数据，B 组仅缺失 $Y3$，C 组缺失 $Y1$ 和 $Y2$。在多值插补时，对 A 组将不进行任何处理，对 B 组作产生 $Y3$ 的一组估计值（做 $Y3$ 关于 $Y1$、$Y2$ 的回归），对 C 组作产生 $Y1$ 和 $Y2$ 的一组成对估计值（做 $Y1$、$Y2$ 关于 $Y3$ 的回归）。

当用多值插补时，对 A 组将不进行处理，对 B、C 组将完整的样本随机抽取形成为 m 组，每组个案数只要能够有效估计参数即可。对存在缺失值的属性的分布做出估计，然后基于这 m 组观测值，分别产生关于参数的 m 组估计值，给出相应的预测，此时采用的估计方法为极大似然法，在计算机中具体的实现算法为期望最大化法（Expectation - Maximum，EM）。对 B 组估计出一组 $Y3$ 的值，对 C 组将利用 $Y1$、$Y2$、$Y3$ 的联合分布为正态分布这一前提，估计出一组（$Y1$，$Y2$）。由此可见，重插补弥补了贝叶斯估计的几个不足：第一，多重插补所依据的是大样本渐近完整数据的理论，在数据挖掘中的数据量都很大，先验分布将极小地影响结果，所以先验分布对结果的影响不大；第二，贝叶斯估计仅要求未知参数的先验分布，没有利用与参数的关系。而多重插补对参数的联合分布和相互关系做出估计。

3.1.2 去除重复数据

重复数据清洗又称为数据去重。通过数据去重可以减少重复数据,提高数据质量。重复的数据是冗余数据,对于这一类数据应删除其冗余部分。去重是指在不同的时间维度内,重复一个行为产生的数据只计入一次。按时间维度去重主要分为按小时去重、按日去重、按周去重、按月去重或按自选时间段去重等。例如,来客访问次数的去重,同一个访客在所选时间段内产生多次访问,只记录该访客的一次访问行为,来客访问次数仅记录为1。如果选择的时间维度为按天,则同一个访客在当日内产生多次访问,来客访问次数也仅记录为1。

例 3_4_dropDuplicates( ).py

```
import pandas as pd        #导入数据分析库 pandas
stu = pd. read_excel(' data\studentsInfo. xlsx' ,' Group1' ,index_col=0)
print(' 数据去重:' ,stu. drop_duplicates() )
```

删除重复行数据后的运行结果如下,原始数据序号为9(第九行)的重复数据被滤除。数据去重处理中,除了使用 Dataframe. drop_duplicates( ) 删除重复行外,还可以用 count( ) 方法统计 Dataframe 的总行数,distinct( ) 实现唯一值的统计。

数据去重:

序号	性别	年龄	身高	体重	省份	成绩	月生活费	课程兴趣	案例教学
1	male	20.0	170	70.0	LiaoNing	NaN	800.0	5	4
2	male	22.0	180	71.0	GuangXi	77.0	1 300.0	3	4
...									
8	female	20.0	162	47.0	AnHui	78.0	1 000.0	4	4
10	male	19.0	169	76.0	HeiLongJiang	88.0	1 100.0	5	5

下面介绍几种重复数据清洗方法。

1. 使用字段相似度识别重复值算法

字段之间的相似度 S 是根据两个字段的内容计算出的一个表示两字段相似程度的数值,$S \in (0,1)$。S 越小,两字段相似程度越高,如果 $S=0$,则两字段为完全重复字段。根据字段的类型不同,计算方法也不相同。布尔型字段相似度的计算,如果两字段相等,则相似度取0;如果不同,则相似度取1。数值型字段相似度计算可采用计算数字的相对差异。字符型字段相似度的计算,比较简单的一种方法是将进行匹配的两个字符串中可以相互匹配的字符个数除以二者平均字符数,然后设定阈值,当字段相似度大于阈值时,识别为重复字段,再根据实际业务理解,对重复数据做删除或其他数据清洗操作。

2. 快速去重算法

根据搜索引擎的原理,在创建索引前将对内容进行简单的去重处理。面对数以亿计的网页,去重处理页方法可以采用特征抽取、文档指纹生成和文档相似性计算。其中,Shingling 算法和 SimHash 算法是两个优秀的网页查重算法。

1）Shingling 算法

Shingling 算法的思想是将文档中出现的连续汉字序列作为一个整体，对一个汉字片段进行哈希计算，形成一个数值，使得每个汉字片段都有对应的哈希值，由多个哈希值构成文档的特征集合。

例如，对"搜索引擎在创建索引前会对内容进行简单的去重处理"这句话，采用 4 个汉字组成一个片段，那么这句话就可以被拆分为搜索引擎、索引擎在、引擎在创、擎在创建、在创建索、创建索引……去重处理，则这句话就变成了由 20 个元素组成的集合 A，另外一句话同样可以由此构成一个集合 B，将 $A \cap B \to C$，将 $A \cup B \to D$，那么 C/D 值即两句话的相似程度。实际运用中，更多的会从效率方面考虑，对算法进行优化，此方法计算 1.5 亿个网页，在 3 个小时内就能完成。

2）SimHash 算法

文本去重有多种方式，可以是整篇对比，也可以摘要比较，还可以用关键字来代替摘要。这样可以缩减比较复杂性，完成快速去重。SimHash 的主要功能是降维，即将文本分词结果从一个高维向量映射成一个由 0 和 1 组成的 bit 指纹（fingerprint），然后通过比较这个二进制属字串的差异来表示原始文本内容的差异。SimHash 算法的实现过程主要分为分词、hash、加权、合并、降维、计算相似性这六个步骤。

二维码 3-2 噪声数据处理

3.1.3 噪声数据处理

噪声（Noise）是被测变量中的随机误差或方差，包括错误的值或偏离期望的孤立点值。我们可以使用基本的数据统计描述技术（如盒图或散点图）和数据可视化方法来识别可能代表噪声的离群点。常见的噪声数据的处理方法：分箱、回归、聚类以及计算机和人工检查结合。

1. 分箱

分箱方法是一种简单常用的预处理方法，通过考察数据的"近邻"（周围的值）来光滑有序的数据值。这些有序的值被分布到一些"桶"或"箱"中，得到最终处理结果。"分箱"，实际上是按照属性值划分的子区间，如果一个属性值处于某个子区间范围内，就称把该属性值放进这个子区间所代表的"箱子"内。把待处理的数据（某列属性值）按照一定的规则放进一些箱子中，考察每个箱子中的数据，采用某种方法分别对各个箱子中的数据进行处理。在采用分箱技术时，需要确定的两个主要问题就是：如何分箱以及如何对每个箱子中的数据进行平滑处理。分箱的方法有 4 种：统一权重法、统一区间法、最小熵法和用户自定义区间法。

（1）统一权重法也称等深分箱法，将数据集按记录行数分箱，每箱具有相同的记录数，每箱记录数称为箱子的深度。这是最简单的一种分箱方法。

（2）统一区间法也称等宽分箱法，使数据集在整个属性值的区间上平均分布，即每个箱的区间范围是一个常量，称为箱子宽度。

（3）用户自定义区间。用户可以根据需要自定义区间，当用户明确希望观察某些区间范围内的数据分布时，使用这种方法可以方便地帮助用户达到目的。

案例分析 2：客户收入属性 income 排序后的值（人民币元）：800、1 000、1 200、1 500、1 500、1 800、2 000、2 300、2 500、2 800、3 000、3 500、4 000、4 500、4 800、

5 000，分箱的方式如下。

统一权重：设定权重（箱子深度）为4，分箱后如下。

```
箱1：800    1 000   1 200   1 500
箱2：1 500   1 800   2 000   2 300
箱3：2 500   2 800   3 000   3 500
箱4：4 000   4 500   4 800   5 000
```

统一区间：设定区间范围（箱子宽度）为1 000元人民币，分箱后如下。

```
箱1：800    1 000   1 200   1 500   1 500   1 800
箱2：2 000   2 300   2 500   2 800   3 000
箱3：3 500   4 000   4 500
箱4：4 800   5 000
```

用户自定义区间：如将客户收入划分为1 000元以下、1 000~2 000元、2 000~3 000元、3 000~4 000元和4 000元以上几组，分箱后的结果如下。

```
箱1：800
箱2：1 000   1 200   1 500   1 500   1 800   2 000
箱3：2 300   2 500   2 800   3 000
箱4：3 500   4 000
箱5：4 500   4 800   5 000
```

（4）数据平滑方法。数据平滑方法又可以细分为：平均值平滑、按边界值平滑和按中值平滑。按平均值平滑是对同一箱值中的数据求平均值，用平均值替代该箱子中的所有数据。按边界值平滑是用距离较小的边界值替代箱中所有数据。按中值平滑是取箱子的中值，用来替代箱子中的所有数据。

2. 回归

回归可以用一个函数拟合数据来光滑数据，试图发现变量之间的变化模式，即通过建立数学模型来预测下一个数值。回归主要分为线性回归和非线性回归。线性回归涉及找出拟合两个属性（或变量）的"最佳"直线，使得一个属性可以用来预测另一个。多元线性回归是线性回归的扩充，其中涉及的属性多于两个，并且数据拟合到一个多维曲面。

3. 聚类

将物理的或抽象对象的集合分组为由类似的对象组成的多个类。找出并清除那些落在簇之外的值（孤立点），这些孤立点被视为噪声。直观地，落在簇集合之外的值被视为孤立点。

孤立点的检测可以通过聚类来检测，聚类是将类似的值组织成群或"簇"。

二维码3-3　离群点
（异常值）处理

3.1.4　离群点（异常值）处理

离群点（Outlier）是数据分布的常态，处于特定分布区域或范围之外的数据通常被定义为异常值。异常值是指样本中的个别值，其数值明显偏离观测值的平均值。例如年龄为200岁；平均收入为10万元时，有个异常值为300万元。第一个异常值为无效异常值，需要删掉，但是第二个异常值可能属于有效异常值，可以根据经验来决定是否保留。在很多情况下，要先分析异常值出现的可能原因，常用的异常值处理方法如表3-2所示。判断异常值是否应该舍弃，如果是正确数据，可直接在具有异常值的数据集上进行挖掘建模。

表3-2 常用的异常值处理方法

异常值处理方法	方法描述
删除含有异常值的记录	直接将含有异常值的记录删除
视为缺失值	将异常值视为缺失值，利用缺失值处理的方法进行处理
平均值修正	可用前后两个观测值的平均值修正异常值
不处理	直接在具有异常值的数据集上进行挖掘

异常值的检测和处理对于某些数据分析结果影响很大，如聚类分析、线性回归（逻辑回归），但是对决策树、神经网络、SVM支持向量机影响较小。常用的异常值分析方法有：简单的统计量分析、3σ \sigma 原则、箱形图分析。

箱形图可以用来观察数据整体的分布情况，利用中位数、25%分位数、75%分位数、上边界、下边界等统计量来描述数据的整体分布情况。通过计算这些统计量，生成一个箱体图，箱体包含了大部分正常数据，而在箱体上边界和下边界之外的就是异常数据。找到异常值后，常用处理方法是删除离群点，异常值是否剔除，要视具体情况而定。

例3_5_The box diagram analyzes outliers. py

```
import pandas as pd                              #导入数据分析库 pandas
catering_sale = '.. /data/catering_sale. xls'    #定义 excel 文件路径
data =pd. read_excel(catering_sale,index_col="日期")  #读取 excel 中的数据
import matplotlib. pyplot as plt                 #导入交互式绘图包 pylab
plt. rcParams[' font. sans- serif' ] = ["SimHei"]  #正常显示中文标签
plt. rcParams[' axes. unicode_minus' ] = False    #正常显示负号
plt. figure()                                    #画箱形图,直接使用 DataFrame 方法
p =data. boxplot(return_type='dict' )            #利用箱形图分析异常值
x = p['fliers' ][0]. get_xdata()                 # fliers 为异常值标签
y = p['fliers' ][0]. get_ydata()
y. sort()                                        #排序( 由小到大,升序)
for i in range(len(x)):
    ifi > 0:
        plt. annotate(y[i],xy = (x[i],y[i]),xytext = (x[i]+0. 05 - 0. 8/(y[i] - y[i- 1]),y[i]))
    else:
        plt. annotate(y[i],xy = (x[i],y[i]),xytext = (x[i]+0. 08,y[i]))
plt. show()                                      #显示
```

例3_5中的matplotlib是一个Python的二维绘图库，matplotlib的对象体系也是计算机图形学的一个优秀范例。受MATLAB启发构建，matplotlib. pyplot 模块是使 matplotlib 像

MATLAB 一样工作的命令样式函数的集合。对应的实验处理结果如图 3-2 所示，count 是指销售数据的总次数，均值是 2 755.214 7，最大值 max 是 9 106.44，最小值 min 是 22。将分位数数据由小到大排序，处于中间的为中位数，即 50%分位数为 2 655.85，在 75%位置的即 75%分位数或四分之三分位数——Q3 的值为 3 026.125，在 25%位置的即 25%分位数或四分之一分位数——Q1 的值为 2 451.975。其中上、下边界的计算公式如下：

$$\text{UpperLimit} = Q3 + 1.5\text{IQR} = 75\%分位数 + (75\%分位数 - 25\%分位数) * 1.5 \qquad (3-1)$$
$$\text{LowerLimit} = Q1 - 1.5\text{IQR} = 25\%分位数 - (75\%分位数 - 25\%分位数) * 1.5 \qquad (3-2)$$

参数说明：Q1 表示下四分位数，即 25%分位数；Q3 为上四分位数，即 75%分位数；IQR 表示上下四分位差，系数 1.5 是一种经过大量分析和经验积累起来的标准，一般情况下不做调整。分位数的参数可根据具体预警结果调整：25%和 75%是比较灵敏的条件，在这种条件下，多达 25%的数据可以变得任意远而不会很大地扰动四分位。

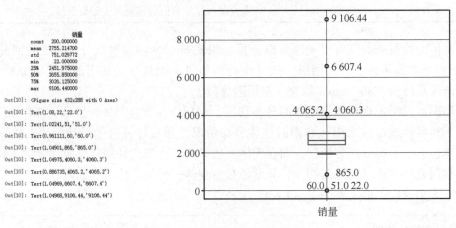

图 3-2　箱形图分析检测异常值

经计算得，上边界的值为 3 887.225，下边界的值为 1 590.75。据箱形图分析可知，比下边界值低或比上边界值高的都属于异常值，如图 3-2 中，位于箱体外的 9 106.44、6 607.04、4 065.2、4 060.3、865.0、60.0、51.0、22.0 都属于异常值，符合计算标准。日常来说，具体业务中可结合拟合结果自行调整为其他分位。

除此，还有一种更为优雅的集处理缺失值、重复值、异常值于一体的方法——pandas pipe( ) 函数。

例 3_6_pandas pipe( ).py

```
import numpy as np              #导入 numpy 的库函数
import pandas as pd             #导入数据分析库 pandas
df =pd. DataFrame({
    "ID": [100, 100, 101, 102, 103, 104, 105, 106],
    "A": [1, 2, 3, 4, 5, 2,np. nan, 5],
    "B": [45, 56, 48, 47, 62, 112, 54, 49],
    "C": [1. 2, 1. 4, 1. 1, 1. 8,np. nan, 1. 4, 1. 6, 1. 5]
})
deffill_missing_values(df):         #处理缺少的值
```

```
        for col indf. select_dtypes(include= ["int","float"]). columns:
    val = df[col]. mean()
            df[col]. fillna(val, inplace=True)
        return df
    def drop_duplicates(df, column_name):                #删除重复的值
        df =df. drop_duplicates(subset=column_name)
        return df
    defremove_outliers(df, column_list):                 #消除异常值
        for col incolumn_list:
            avg = df [col]. mean()
            std = df [col]. std()
            low = avg - 2 *  std
            high = avg + 2 *  std
            df = df [df[col]. between(low, high, inclusive=True)]
        return df
    my_df = df. copy()                                   #创建新管道
    df_pd = (my_df. pipe(fill_missing_values). pipe(drop_duplicates, "ID"). pipe(remove
    _outliers, ["A","B"]))                               #更新管道,输出处理后的数据
    print(' 原始数据帧:',df)
    print(' 数据清洗后的数据帧:',df_pd )
```

pandas pipe() 实现数据清洗。首先从数据创建数据帧开始，然后使用 fill_missing_values() 函数处理缺失值，drop_duplicates() 函数去除重复值，remove_outliers() 函数消除异常值。最后集 pandas pipe() 于一体实现数据的多个预处理操作于单个操作管理。处理结果如下，对缺失数据进行了均值填充，消除了出现异常值112编号为5的行数据，同时解决了 ID 重复（编号 0 和 1 的 ID 值同时为 100）的问题，避免了冗余数据重复。此外，针对 ID 重复这一问题，可以通过生成唯一的随机 ID 方法来解决，即调用 monotonically_increasing_ID() 函数。此方法生成的数据会放到大约 10 亿个分区中，每个分区不重复数据 8 亿条，一般情况下，数据是不会重复的。

原始数据帧:

	ID	A	B	C
0	100	1.0	45	1.2
1	100	2.0	56	1.4
2	101	3.0	48	1.1
3	102	4.0	47	1.8
4	103	5.0	62	NaN
5	104	2.0	112	1.4
6	105	NaN	54	1.6
7	106	5.0	49	1.5

数据清洗后的数据帧:

	ID	A	B	C
0	100	1.000000	45	1.200000

2	101	3.000000	48	1.100000
3	102	4.000000	47	1.800000
4	103	5.000000	62	1.428571
6	105	3.142857	54	1.600000
7	106	5.000000	49	1.500000

总的来讲，数据清洗是一项繁重的任务，特别是脏数据能使挖掘过程陷入混乱，导致不可靠的输出。需要根据数据的准确性、完整性、一致性、时效性、可信性和解释性来考察数据，从而得到标准的、干净的、连续的、有效的数据。

3.2 数据集成

随着大数据的出现，数据源越来越多，数据分析任务多半涉及将多个数据源数据进行合并。数据集成（Data Integration）是指将多个数据源中的数据结合，进行一致存放的数据存储构成一个完整的数据集，这些源可能包括多个数据库或数据文件。数据集成的目的是使得数据衔接得更为高效、敏捷、可靠。数据处理常常涉及数据集成操作，即将来自多个数据源的数据结合在一起并形成一个统一的数据集合，以便为数据处理工作的顺利完成提供完整的数据基础。

数据处理过程中，多元异构数据的特点：

（1）混合型数据，包括结构化和非结构化数据。

（2）数据为离散型，数据分布在不同的系统或者平台。

（3）数据量大，基本上每个平台的数据量都非常庞大。

（4）数据质量参差不齐，不同平台的数据质量不一致。

（5）多元异构数据进行融合，并基于融合后的数据进行应用。

二维码 3-4　实体识别问题

3.2.1　实体识别问题

模式集成问题如何使来自多个数据源的现实世界的实体匹配，其中就涉及实体识别问题。实体是存在于现实世界中并且可以与其他物体区分开来的物体。实体是名词，例如，人名、地名、物名都是实体。在计算机领域进行实体识别是一个大工程，需要明确如何对待实体，即用一系列的属性来描述这个实体从而把差别描述出来。数据集成中，往往需要把原本不属于同一个东西的实体区别开，也需要把原本属于同一个东西的实体匹配起来。例如，如何确定一个数据库中的"custom_ID"与另一个数据库中的"custome_number"是否表示同一实体？在匹配来自多个不同信息源的现实世界实体时，如果两个不同数据库中的不同字段名指向同一实体，则需要把两个字段名改为一致，避免模式集成时产生错误。

实体识别是指从不同数据源识别出现实世界的实体，它的任务是统一不同源数据的矛盾之处，常见形式如下：

1. 同名异义

数据源 A 中的属性 ID 和数据源 B 中的 ID 分别描述的是菜品编号和订单编号，即不同的实体。例如，苹果既可以代表手机也可以代表水果。又如姓名王伟是一个很普通的名字，但是它表示不同的实体。

2. 异名同义

数据源 A 中的 sales_date 和数据源 B 中的 sales_day 都是描述同一商品的销售日期，即 A. sales_date＝B. sales_day。例如，我们团队中有个"涛哥"，有时候也叫"涛涛"，真实名字叫作"张涛"，很多场合下我们知道这是一个人。又如"李白"和"李太白"指的就是一个人。又如我们会习惯性地给某个人加上职位性的称谓，如说"陈主任""王博士""周院长"等。我们需要将这些称谓与真实姓名对应起来。

3. 单位统一

用于描述同一个实体的属性有时可能会出现单位不统一的情况，这就需要能够统一起来，如 1 200 cm 与 1.2 m，要知道计算机在进行处理时是没有量纲的，要么统一量纲，要么去量纲化（归一化）。

4. ID-Mapping

ID-Mapping 实际上是一个互联网领域的术语，意思是将不同数据库或者账号系统中的人对应起来。例如说你办了一张中国移动的手机卡，他们就会知道你用的是某个手机号，而如果你使用今日头条就会留下各种浏览新闻的痕迹，如果现在中国移动要和今日头条合作，那么就得打通两边的数据，"打通"的第一步就是知道中国移动的张三就是今日头条的张三，这个过程在当下可以通过设备的 IMIS 号码进行比照进行，其他的 ID-Mapping 需要采取不同的策略。

例 3_7_ID-Mapping. py

```
import pandas as pd
importnumpy as np
from pandas import Series,DataFrame
#行数据合并
colName = ['学号','姓名','专业' ]                    #列索引
data1 = [ ['202003101','赵成','软件工程'], [ '202005114','李斌丽','机械制造'], [ '202009111','孙武一',
'工业设计' ] ]                                      #值列表
stu1 =DataFrame( data1, columns=colName )           #行索引自动生成
data2 = [ ['202003103','王芳','软件工程'], ['202005116','袁一凡','工业设计' ] ]
stu2 =DataFrame( data2, columns=colName )
newstu = pd. concat([stu1,stu2], axis=0)            #axis=0,表示按行进行数据追加
print('行数据合并:', ' \n' ,newstu)
cardcol = ['ID','刷卡地点','刷卡时间','消费金额' ]
data3 = [ ['202003101','一食堂','20180305 1145',14. 2], ['104574','教育超市','20180307 1730',25. 2],
[ '202003103','图书馆','20180311 1823' ],[ '202005116','图书馆','20180312 0832' ],['202005114','二食堂',
'20180312 1708',12. 5],['202003101','图书馆','20180314 1345' ]]
card =DataFrame( data3, columns=cardcol )           #创建一卡通数据对象
print(' 行列数据合并:', ' \n', pd. merge(newstu,card, how='left',left_on='学号',right_on='ID' ) )
                                #左连接
```

实验设计中，基于 ID-Mapping 实现账户匹配，自行给定不同数据源下的数据，采用唯一识别号（学号-姓名-专业-ID-刷卡地点-刷卡时间-消费金额等）进行账户信息匹配。运行结果如下，实现了学号-姓名-专业-ID-刷卡地点-刷卡时间-消费金额等数据的拼接。这在大数据强调的数据孤岛问题解决上有着重要的意义。如结果所示，在数据缺失情况下，利用元数据避免了模式集成过程中的错识。

行数据合并：

	学号	姓名	专业
0	202003101	赵成	软件工程
1	202005114	李斌丽	机械制造
2	202009111	孙武一	工业设计
0	202003103	王芳	软件工程
1	202005116	袁一凡	工业设计

行列数据合并：

	学号	姓名	专业	ID	刷卡地点	刷卡时间	消费金额
0	202003101	赵成	软件工程	202003101	一食堂	20180305 1145	14.2
1	202003101	赵成	软件工程	202003101	图书馆	20180314 1345	NaN
2	202005114	李斌丽	机械制造	202005114	二食堂	20180312 1708	12.5
3	202009111	孙武一	工业设计	NaN	NaN	NaN	NaN
4	202003103	王芳	软件工程	202003103	图书馆	20180311 1823	NaN
5	202005116	袁一凡	工业设计	202005116	图书馆	20180312 0832	NaN

元数据是"描述数据的数据"。每个属性的元数据包括名字、含义、数据类型和属性值允许范围，以及处理缺失值（空值）的规则。对于这些常见的矛盾，一般利用元数据来处理。特别是在数据库与数据仓库中通常包含元数据，元数据有助于避免模式集成过程中的错识。此外，在数据集成过程中，当一个数据库的属性与另一个数据库的属性匹配时，要特别注意数据间的结构差异性。这旨在确保源系统中的函数依赖和参照约束与目标系统对应的互匹配。

3.2.2 属性冗余问题

冗余问题是数据集成中经常发生的另一个问题。若一个属性可以从其他属性中推演出来，那这个属性就是冗余属性。例如，一个顾客数据表中的平均月收入属性就是冗余属性，显然它可以根据月收入属性计算出来。此外，同一属性多次出现，或者同一属性命名的不一致也会导致集成后的数据集出现数据冗余问题。有些冗余可以被相关分析检测到。通过计算属性 A、B 的相关系数（皮尔逊积矩系数）来判断是否冗余；对于离散数据，可通过卡方检验来判断两个属性 A 和 B 之间的相关联系。如果一个属性能由另一个或另一组属性"导出"，则此属性可能是冗余的。一般来说，通过删除冗余特征或聚类消除多余数据。

例 3_8 使用 Kaggle 房价数据集来展示如何使用相关系数等进行删除冗余与相关分析。首先导入要用到的包和数据集，Kaggle 主要包括 train.csv 训练集和 test.csv 测试集，训练集和测试集都是 DataFrame 数据结构。DataFrame 引入了 schema 元信息，即数据结构的描述信息，在网络传输时，可对数据内容本身序列化。从 Kaggle 上获取数据后，对每个样本的特征属性和标签（房屋价格）进行相关分析与处理（包括取出异常值、冗余数据、填充缺省值、特征转换、数据转化等）。

例 3_8_Redundancy and Correlation analysis. py

```
import pandas as pd                          #导入数据分析库 pandas
import numpy as np                           #导入数学函数库 numpy
import seaborn assns                         #导入图形可视化包 seaborn
import matplotlib. pylab as plt              #导入交互式绘图包 pylab
train_data=pd. read_csv('. . /house_prices/train. csv' )   #返回的是 Dataframe 类型
test_data=pd. read_csv('. . /house_prices/test. csv' )
print(train_data. shape,test_data. shape)
# data=train_data. iloc[0:4,[0,1,2,3,- 1]]
print(train_data. head())                    #head()函数输出前 5 行数据
print(test_data. head())
corrmat=train_data. corr()
plt. figure(figsize=(12,9))
cols=corrmat. nlargest(10,' SalePrice' )[' SalePrice' ]. index
cm=np. corrcoef(train_data[cols]. values. T)
sns. set(font_scale=1. 25)
hm=sns. heatmap(cm,cbar=True,annot=True,square=True,fmt=' . 2f' , annot_kws={' size' : 10},
xticklabels=cols. values,yticklabels=cols. values)
plt. show()
print(cols)
```

获取数据并查看运行后的部分结果如下，可以看到训练集的 shape 是（1460，81）表示共有 1 460 个样本，每个样本有 81 个属性，测试集的 shape 是（1459，80）表示共有 1 459 个测试样本，每个测试样本有 1 459 个属性。训练集中的每个样本有 81 个属性，但第一个 Id 属性没有意义，可以考虑删去。最后一个属性 SalePrice 是该样本数据的标签。此外，这些属性值中有些属性是字符型，有些是数据型。

```
(1460, 81) (1459, 80)
Id  MSSubClass  MSZoning  . . .       SaleType    SaleCondition   SalePrice
0   1           60        RL  . . .   WD          Normal          208500
1   2           20        RL  . . .   WD          Normal          181500
2   3           60        RL  . . .   WD          Normal          223500
……
Index([' SalePrice' , ' OverallQual' , ' GrLivArea' , ' GarageCars' , ' GarageArea' ,' TotalBsmtSF' ,
' 1stFlrSF' , ' FullBath' , ' TotRmsAbvGrd' , ' YearBuilt' ], dtype=' object' )
```

由图 3-3 可知，利用相关分析可以发现一些数据冗余情况。利用 DataFrame 数据类型的函数 corr( )，并将与 SalePrice 属性相关度大于 0. 5 的所有属性取出来。从结果看出，除了 SalePrice 自身外，还有 9 个属性与 SalePrice 相关程度较高，依次是' OverallQual '、

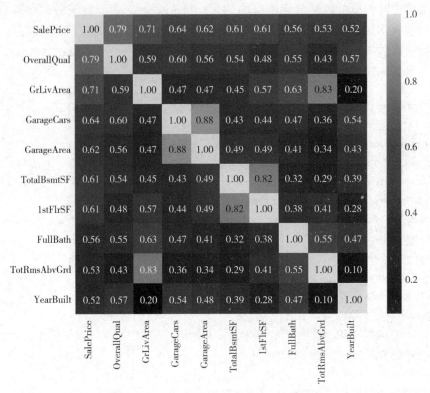

图 3-3 Kaggle 房价数据集的相关性分析

' GrLivArea ' 、' GarageCars ' 、' GarageArea ' 、' TotalBsmtSF ' 、' 1stFlrSF ' 、' FullBath ' 、
' TotRmsAbvGrd ' 、' YearBuilt '。找出 10 种与 SalePrice 最相关的属性后，由于其对标签影响
最大，可以删去一些冗余值。具体的冗余去除操作代码如下：

```
#根据散点图的显示来去除冗余值
train_data. drop(train_data[(train_data[' GrLivArea' ]>4000) &
(train_data[' SalePrice' ]<200000]. index,inplace＝True)
train_data. reset_index(drop＝True, inplace＝True)
print(train_data. shape)
```

执行结果如下：

(1458,81)

3.2.3　元祖重复问题

　　除了检测属性间的冗余外，还应当在元组级检测重复（例如，对于给定的唯一数据实
体，存在两个或多个相同的元组）。不同数据源，在统一合并时，需要保持规范化，如果遇
到有重复的，要去重。去规范化表（Denormalized Table）的使用（通常是为了通过避免连

接来改善性能）是数据冗余的另一个来源。其不一致通常出现在不同的副本之间，这可能是由于不正确的数据输入，或者由于更新了数据副本的某些变化，但未更新所有副本的变化导致的。例如，如果订单数据库包含订货人的姓名和地址属性，而这些信息不是在订货人数据库中的关键码，则不一致就可能出现，同一订货人的名字可能以不同的地址出现在订单数据库中。

3.2.4　属性值冲突问题

数据集成还涉及数据值冲突的检测与消除处理。对于现实世界的相同实体，来自不同数据源的属性值可能不同，这可能是由数据表示、比例、编码、数据类型、单位不统一，字段长度不同等原因造成的。例如，质量属性可能在一个系统中以公制单位存放，而在另一个系统中以英制单位存放。再如，不同学校交换信息时，每个学校有自己的课程设置和等级模式。一个大学可采用季度制，数据库系统中存在 3 门课程，等级从 A+到 F。另一个大学可能采用学期制，数据库系统中提供 2 门课程，等级从 1 到 10，很难制定两所大学精确的课程和等级之间的转换规则，交换信息很困难。

例 3_9_Attribute transformation. py

```
import pandas as pd                              #导入数据分析库 pandas
discfile = '. . /data/discdata. xls'            #磁盘原始数据
transformeddata = '. . /tmp/discdata_processed. xls'   #变换后的数据
data =pd. read_excel(discfile)
data = data[data[' TARGET_ID' ] = = 184]. copy()   #只保留 TARGET_ID 为 184 的数据
data_group = data. groupby(' COLLECTTIME' )      #以时间分组
defattr_trans(x):                                #定义属性变换函数
    result =pd. Series(index = [' SYS_NAME' , ' CWXT_DB:184:C:\ \' , ' CWXT_DB:184:D:\ \' ,' COL-
LECTTIME' ])
    result[' SYS_NAME' ] = x[' SYS_NAME' ]. iloc[0]
    result[' COLLECTTIME' ] = x[' COLLECTTIME' ]. iloc[0]
    result[' CWXT_DB:184:C:\\' ] = x[' VALUE' ]. iloc[0]
    result[' CWXT_DB:184:D:\\' ] = x[' VALUE' ]. iloc[1]
    return result
data_processed = data_group. apply(attr_trans)   #逐组处理
data_processed. to_excel(transformeddata, index = False)
```

在实际业务中，监控系统会每天定时对磁盘的信息进行收集，但是一般情况下，磁盘容量属性都是一个定值（不考虑中途扩容的情况），因此磁盘原始数据中会存在磁盘容量的重复数据。要求剔除磁盘容量的重复数据，并且将所有服务器的磁盘容量作为一个固定值，方便模型预警，实现属性构造。

磁盘原始容量表如图 3-4 左侧表格所示，其中磁盘相关属性以记录的形式存在数据中，其单位为 KB。因为每台服务器的磁盘信息可以通过表中 NAME、TARGETID、ENTITY 三个属性进行区分，且上述三个属性值是不变的，可以将三个属性的值合并。属性变换后的磁盘数据结果如图 3-4 右侧表格所示，构造出了新的属性，本质上是进行行列互换操作。

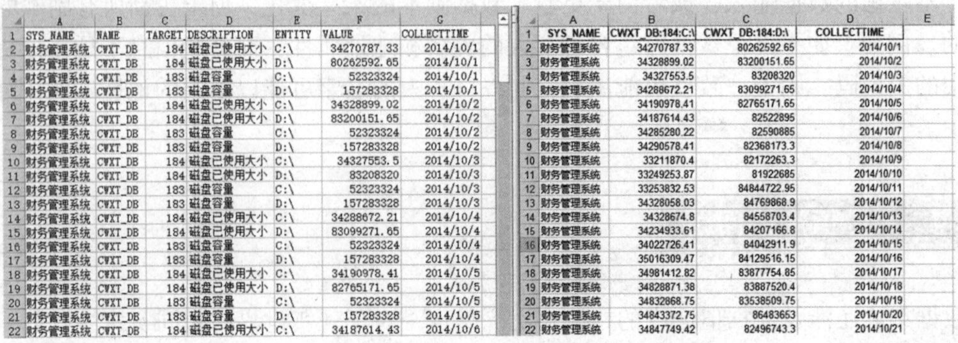

	A	B	C	D	E	F	G
1	SYS_NAME	NAME	TARGET_	DESCRIPTION	ENTITY	VALUE	COLLECTTIME
2	财务管理系统	CWXT_DB	184	磁盘已使用大小	C:\	34270787.33	2014/10/1
3	财务管理系统	CWXT_DB	184	磁盘已使用大小	D:\	80262592.65	2014/10/1
4	财务管理系统	CWXT_DB	183	磁盘容量	C:\	52323324	2014/10/1
5	财务管理系统	CWXT_DB	183	磁盘容量	D:\	157283328	2014/10/1
6	财务管理系统	CWXT_DB	184	磁盘已使用大小	C:\	34328899.02	2014/10/2
7	财务管理系统	CWXT_DB	184	磁盘已使用大小	D:\	83200151.65	2014/10/2
8	财务管理系统	CWXT_DB	183	磁盘容量	C:\	52323324	2014/10/2
9	财务管理系统	CWXT_DB	183	磁盘容量	D:\	157283328	2014/10/2
10	财务管理系统	CWXT_DB	184	磁盘已使用大小	C:\	34327553.5	2014/10/3
11	财务管理系统	CWXT_DB	184	磁盘已使用大小	D:\	83208320	2014/10/3
12	财务管理系统	CWXT_DB	183	磁盘容量	C:\	52323324	2014/10/3
13	财务管理系统	CWXT_DB	183	磁盘容量	D:\	157283328	2014/10/3
14	财务管理系统	CWXT_DB	184	磁盘已使用大小	C:\	34288672.21	2014/10/4
15	财务管理系统	CWXT_DB	184	磁盘已使用大小	D:\	83099271.65	2014/10/4
16	财务管理系统	CWXT_DB	183	磁盘容量	C:\	52323324	2014/10/4
17	财务管理系统	CWXT_DB	183	磁盘容量	D:\	157283328	2014/10/4
18	财务管理系统	CWXT_DB	184	磁盘已使用大小	C:\	34190978.41	2014/10/5
19	财务管理系统	CWXT_DB	184	磁盘已使用大小	D:\	82765171.65	2014/10/5
20	财务管理系统	CWXT_DB	183	磁盘容量	C:\	52323324	2014/10/5
21	财务管理系统	CWXT_DB	183	磁盘容量	D:\	157283328	2014/10/5
22	财务管理系统	CWXT_DB	184	磁盘已使用大小	C:\	34187614.43	2014/10/6

	A	B	C	D	E
1	SYS_NAME	CWXT_DB:184:C:\	CWXT_DB:184:D:\	COLLECTTIME	
2	财务管理系统	34270787.33	80262592.65	2014/10/1	
3	财务管理系统	34328899.02	83200151.65	2014/10/2	
4	财务管理系统	34327553.5	83208320	2014/10/3	
5	财务管理系统	34288672.21	83099271.65	2014/10/4	
6	财务管理系统	34190978.41	82765171.65	2014/10/5	
7	财务管理系统	34187614.43	82522895	2014/10/6	
8	财务管理系统	34285280.22	82590885	2014/10/7	
9	财务管理系统	34290578.41	82368173.3	2014/10/8	
10	财务管理系统	33211870.4	82172263.3	2014/10/9	
11	财务管理系统	33249253.87	81922685	2014/10/10	
12	财务管理系统	33253832.53	84844722.95	2014/10/11	
13	财务管理系统	34328058.03	84769868.9	2014/10/12	
14	财务管理系统	34328674.8	84558703.4	2014/10/13	
15	财务管理系统	34234933.61	84207166.8	2014/10/14	
16	财务管理系统	34022726.41	84042911.9	2014/10/15	
17	财务管理系统	35016309.47	84129516.15	2014/10/16	
18	财务管理系统	34981412.82	83877754.85	2014/10/17	
19	财务管理系统	34828871.38	83887520.4	2014/10/18	
20	财务管理系统	34832868.75	83538509.75	2014/10/19	
21	财务管理系统	34843372.75	86483653	2014/10/20	
22	财务管理系统	34847749.42	82496743.3	2014/10/21	

图 3-4　属性值的构造效果

目前来说，属性冲突处理方法没有统一的标准，根据实际需求进行处理即可。在现实世界实体中，来自不同数据源的属性值或许不同。例如，重量属性在一个系统中采用公制，而在另一个系统中却采用英制；价格属性在不同地点采用不同的货币单位。这些语义的差异为数据集成带来许多问题。产生这种问题的原因可能是表示、比例尺度、编码的差异等。处理属性值冲突问题的方法主要有两种：一是形成唯一数据，如果要进行总体摘要统计，则需要以某种方式消除冲突以便报告一个数据；二是不消除冲突，要使用所有冲突的数据。如果在进行整体流程统计分析时使用不同业务流程的不同数据，则不同的指标将具有更好的渠道转换效果。数据处理过程中，要保证处理后的结果差异可解释，且客观稳定。

3.3　数据变换

数据经过清洗、集成等步骤后，很可能要将数据进行类型转换、离散化、稀疏化等操作。这些方法有些能够提高模型拟合的程度，有些能够使原始属性被更抽象或更高层次的概念代替。这些方法可以统一称为数据变换（Data Transform）。在数据预处理过程中，不同的数据适合不同的数据挖掘算法。数据变换是一种将原始数据变换成较好数据格式的方法，以便作为数据处理前特定数据挖掘算法的输入。经过数据变换或统一，数据挖掘的过程可能更有效，数据挖掘的模式可能更容易理解。

3.3.1　数据类型转换

当数据来自不同数据源时，不同类型的数据源数据类型不兼容可能导致系统报错。这时需要将不同数据源的数据类型统一转换为一种兼容的数据类型。

在 Python 中，可以利用 astype( ) 方法对数据类型进行转换，astype( ) 后面的括号中指明要转换的目标类型即可。

下面的代码介绍了常用的数据类型转换方法。

```
import numpy as np
import pandas as pd
data1 =pd. read_csv("F:/tianic_train. csv")
#查看数据类型
data1["Age"]. dtype
#转换函数 astype()进行数据的转换
data1["Age"]. astype("float")              # int:整型;float:浮点型;str:字符型;bool:布尔型;object.
#日期与时间数据转换
from datetime import datetime
date2 =pd. DataFrame({"string":["19/10/01/12","18/02/02/2","19/11/01/4"]})
date2
#字符串转换为时间格式
pd. to_datetime(date2["string"]            #value
,format="% y/% m/% d/% I"                   #格式,必须保持与字符串一样分割
)
# % Y:四位年份 % y:两位年份   % m:两位月份   % d:两位日期   % H:24 小时制   % I:12 小时制   %
M:lia
#使用映射进行数据转换
rule = {"S":1,"C":2,"Q":3}                  #映射对应关系
data1["AAA"] = data1["Embarked"]. map(rule) #进行映射
#使用函数进行数据转换
data1["Name"]. str. lower()                 #upper(),title()
```

3. 3. 2 数据离散化

离散化:把数值属性的原始值用区间标签或概念标签替换。离散化可以自动产生数据的概念分层,而概念分层允许在多个粒度层进行挖掘。

离散化是指将连续属性的范围分成区间,用来减少给定连续属性值的个数。为什么要离散化?离散化可以使有些分类算法只接受类别属性、可减小数据大小和为进一步分析做准备。离散化分为无监督离散化和监督离散化。下面重点介绍无监督离散化。

二维码 3-5　数据离散化

无监督离散化在离散过程中不考虑类别属性,其输入数据集仅含有待离散化属性的值。

1. 等宽算法（分箱离散化）

根据用户指定的区间数目 K,将属性的值域 $[X_{min}, X_{max}]$ 划分成 K 个区间,并使每个区间的宽度相等,即都等于 $\dfrac{X_{max}-X_{min}}{K}$。等宽算法的缺点是容易受离群点的影响而使性能不佳。

2. 等频算法（直方图分析离散化）

等频算法将范围划分为 N 个区间,每个区间包含近似相等数量的样本,使之具有较好的数据比例。等频算法根据用户自定义的区间数目,将属性的值域划分成 K 个小区间。该

算法要求落在每个区间的对象数目相等。例如，属性的取值区间内共有 M 个点，则等频区间所划分的 K 个小区域内，每个区域含有 M/K 个点。

3. K 均值聚类算法

K 均值算法是最普及的聚类算法，也是一种比较简单的聚类算法。首先由用户指定离散化产生的区间数目 K，从数据集中随机找出 K 个数据作为 K 个初始区间的重心；然后，根据这些重心的欧式距离，对所有的对象聚类：如果数据 x 距重心 G_i 最近，则将 x 划归 G_i 所代表的那个区间；然后重新计算各区间的重心，并利用新的重心重新聚类所有样本。逐步循环，直到所有区间的重心不再随算法循环而改变为止。

例 3_10_DataDiscretization. py

该案例对一个电商交易数据集使用非监督方法进行数据离散化的工作。该数据集是基于一个电商公司真实的交易数据集进行改造的。该电商主要销售的商品是各类礼品，主要客户是来自不同国家的分销商。

载入数据集，选取数据集中的 UnitPrice 属性来进行数据的非监督离散化。

```
import pandas as pd            #导入数据分析库 pandas
import numpy as np             #导入库 numpy
df_train = pd. read_csv(' Ch3- E- Commerce. csv' ,encoding=' ISO- 8859- 1' )
```

首先利用等宽法进行离散化，将价格等宽地分为 5 个区间。可以发现，由于有个别离群点的存在，大量的数据都堆积在第 2 个区间，这严重损坏了离散化之后建立的数据模型。

```
price  =df_train. UnitPrice
K=5    #将价格划分为 5 个区间
#group_names=[' low' ,' mid' ,' high' ]
df_train[' price_discretized_1' ]=price_discretized=pd. cut(price,K,labels=range(5))
df_train. groupby(' price_discretized_1' ). price_discretized_1. count()
```

执行结果如下：

```
price_discretized_1
0              2
1         541897
2              9
3              0
4              1
Name: price_discretized_1,dtype: int64
```

之后使用等频法进行离散化，由离散结果看出，等频离散不会像等宽离散一样，出现某些区间极多或者极少的情况。但是根据等频离散的原理，为了保证每个区间的数据一致，很有可能将原本相同的两个数值分进了不同的区间。

```
price  =df_train. UnitPrice
k = 5
```

```
w = [1. 0* i/k for i in range(k+1)]
w =price. describe(percentiles = w)[4:4+k+1]
w[0] = w[0]* (1- 1e- 10)
result=pd. cut(price, w, labels = range(k))
df_train[' price_discretized_2' ] = pd. cut(price, w, labels = range(k))
df_train. groupby(' price_discretized_2' ). price_discretized_2. count()
```

执行结果如下：

price_discretized_2	
0	84627
1	148468
2	39394
3	53648
4	123061
Name:price_discretized_2, dtype:int64	

接下来使用 K 均值聚类算法进行离散化，将 k 设置为 10。然而结果显示，大部分点都聚集在了一个簇中，这说明可能还需要继续调整 k 的值，或者该方法并不适合这一数据集，大家可以自己尝试去取得最合适的 k 值。

```
from sklearn. cluster import K- means
data =df_train. UnitPrice
data_re = data. values. reshape((data. index. size, 1))
k = 10 #设置离散之后的数据段为 10
k_model = K- means(n_clusters = k, n_jobs = 4)
result =k_model. fit_predict(data_re)
df_train[' price_discretized3' ] = result
df_train. groupby(' price_discretized3' ). price_discretized3. count()
```

执行结果如下：

price_discretized_3	
0	540882
1	10
2	1
3	2
4	45
5	3
6	23
7	170
8	6
9	767
Name:price_discretized_3, dtype:int64	

3.3.3　数据规范化

在数据分析前，常需要先将数据规范化，利用规范化后的数据进行数据分析。数据规范化处理主要包括数据同趋化处理和无量纲化处理两个方面。

数据同趋化处理主要解决不同性质的数据问题。数据无量纲化处理主要解决数据的可比性。数据规范化的方法有很多种，常用的有最小-最大规范化、z分数规范化和按小数定标规范化等。

二维码3-6　数据规范化

规范化的作用是指对重复性事物和概念，通过规范、规程和制度等达到统一，以获得最佳秩序和效益。在数据分析中，度量单位的选择将影响数据分析的结果。例如，将长度的度量单位从米变成英寸[①]，将质量的度量单位从公斤[②]改成磅[③]，可能导致完全不同的结果。使用较小的单位表示属性将导致该属性具有较大的值域，因此导致这样的属性具有较大的影响或较高的权重。为了消除指标之间的量纲和取值范围差异的影响，需要进行标准化处理，将数据按照比例进行缩放，使之落入一个特定的区域，便于进行综合分析。如将工资收入属性值映射到$[-1,1]$或者$[0,1]$内。

数据规范化可将原来的度量值转换为无量纲的值。通过将属性数据按比例缩放，将一个函数给定属性的整个值域映射到一个新的值域中，即每个旧的值都被一个新的值替代。例如将数据$-4,45,300,89,72$转换为$-0.04,0.45,3.00,0.89,0.72$。规范化可以防止具有较大初始值域的属性与具有较小初始值域的属性相比较的权重过大。下面介绍常用的三种数据规范化方法。

1. 最小-最大规范化

最小-最大规范化对原始数据进行线性变换，最小-最大规范化也叫离差标准化，它保留了原来数据中存在的关系，它也是使用最多的方法。令Min_A和Max_A表示属性A的最小值和最大值，最小-最大值标准化将值v_i映射为v_i'，范围是$[new\_Min_A,\ new\_Max_A]$。最小-最大规范化通过计算：

$$v_i' = (v_i - Min_A)/(Max_A - Min_A) \times (new\_Max_A - new\_Min_A) + new\_Min_A \tag{3-3}$$

把A的值v_i映射到区间$[MinA,\ MaxA]$中的v_i'。

最小-最大值标准化保留了原有数据值的关系。如果后来输入标准化的数据落在了原有数据区间的外面，将会发生过界的错误。

例如，假定收入属性X的最小值和最大值分别是\$12 000和\$98 000，将收入属性X映射到范围$[0.0,1.0]$上，则X值为\$73 600的收入标准化为

$$(73\ 600 - 12\ 000)/(98\ 000 - 12\ 000) \times (1.0 - 0) + 0.0 = 0.716$$

最小-最大规范化能够保持原有数据之间的联系。在这种规范化方法中，如果输入值在原始数据值域之外，则将作为越界错误处理。

2. z分数规范化

z分数（z-score）规范化方法是基于原始数据的均值和标准差进行数据的规范化的。使

---

①　1英寸=2.54厘米。

②　1公斤=1 000克。

③　1磅=0.453 6千克。

用 z 分数规范化方法可将原始值 x 规范为 x'。z 分数规范化方法适用于 x 的最大值和最小值未知的情况，或有超出取值范围的离群数据的情况。

在 z 分数规范化中，可将属性 A 的值，基于平均值和标准差来标准化。x 值的规范 x' 的计算公式如下：

$$x' = (x - \overline{A}) / \sigma_A \qquad (3\text{-}4)$$

式中，$\overline{A}$ 和 σ_A 分别是属性 x 的平均值和标准差，有 $\overline{A} = \dfrac{1}{n}(x_1 + x_2 + \cdots + x_n)$，而 σ_A 用 x 的方差的平方根计算。

例如，如果 x 的均值和标准差分别为 \$54 000 和 \$16 000，使用 z 分数规范化，值 \$73 600 被转换为 (73 600−54 000)/16 000 = 1.225。

这种方法在实际的最小值和最大值未知时很有用，或者离群点左右了最小−最大规范化时，该方法是有用的。

3. 小数定标规范化

小数定标规范化是通过移动属性 A 的值的小数点位置进行规范化的。小数点的移动位数依赖于 A 的最大绝对值。A 的值 v_i 被规范为 v_i'，由下列公式计算：

$$v_i' = v_i / 10j \qquad (3\text{-}5)$$

式中，j 是使得 $\max(|v_i'|) < 1$ 的最小整数。

假设 x 的取值是 −986 ~ 917，x 的最大绝对值为 986。因此，为使用小数定标规范化，利用 1 000（j = 3）除每个值。因此，−986 被规范化为 −0.986，而 917 被规范化为 0.917。

规范化可能将原来的数据改变很多，特别是使用 z 分数规范化或小数定标规范化时表现明显。如果使用 z 分数规范化，还有必要保留规范化参数，如均值和标准差，以便将来的数据可以用一致的方式规范化。

下面使用某只股票的交易信息的数据来说明如何进行数据规范化。

例 3_11_DataNormalization.py

首先导入要用到的包。

```
import numpy as np
import pandas as pd
import sklearn.preprocessing as skp
import matplotlib.pyplot as plt
```

接着，我们选取该股票最后 100 个交易日的数据，选取每日关盘价格和成交量两个特征作为演示。很显然，这两个特征量纲不一样，数值相差很大，需要对它们进行一个数据预处理，先看一下原始数据：

```
df0 = pd.read_csv('Ch3- StockTrading.csv')    #读取文件
df.describe()                                 #显示信息
```

原始数据分布如下：

	Unnamed: 0	open	close	high	low	volume	code
count	640.000000	640.000000	640.00000	640.00000	640.0000000	6.400000e+02	640.0
mean	319.00000	11.990019	11.991128	12.236808	11.756233	2.269220e+05	300274.0
std	184.896367	3.682276	3.688834	3.791381	3.574300	1.714809e+05	0.0
min	0.00000	5.220000	5.330000	5.470000	5.170000	3.066200e+04	300274.0
25%	159.750000	9.568500	9.582500	9.717500	9.402250	9.588225e+04	300274.0
50%	319.500000	11.275000	11.285000	11.439500	11.137000	1.879755e+05	300274.0
75%	479.250000	15.060500	14.976500	15.373500	14.726000	3.026530e+05	300274.0
max	639.000000	21.870000	21.563000	22.495000	20.749000	1.472658e+06	300274.0

```
data_ori=df0.tail(100)[['close','volume']].values      #创建100个交易日的数据
plt.scatter(data_ori[:,0],data_ori[:,1])               #画散点图
plt.show()                                             #显示图像
```

执行结果如图3-5所示。

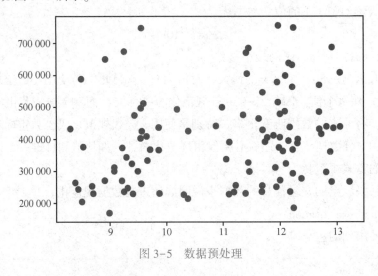

图3-5　数据预处理

下面代码演示如何对原始数据进行最小-最大规范化，将其规范化到[0,1]区间。

```
data_scale=skp.MinMaxScaler().fit_transform(data_ori)   #对数据最小-最大规范化
plt.scatter(data_scale[:,0],data_scale[:,1])            #画散点图
plt.show()                                             #显示图像
```

执行结果如图3-6所示。
下面的代码描述如何对原始数据进行z-score规范化。

```
data_st=skp.scale(data_ori)                            #z-score规范化
plt.scatter(data_st[:,0],data_st[:,1])
plt.show()
```

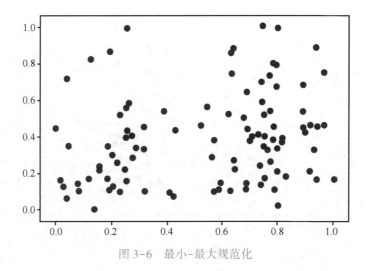

图 3-6 最小-最大规范化

执行结果如图 3-7 所示。

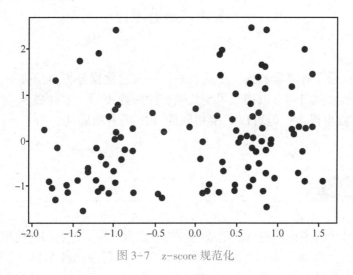

图 3-7 z-score 规范化

下面的代码演示了对原始数据进行小数定标规范化。

```
data_scale=data_ori
for index in range(len(data_scale)):
    data_scale[index,0]=data_scale[index,0]/100
    data_scale[index,1]=data_scale[index,1]/1000000
plt. scatter(data_scale[:,0],data_scale[:,1])
plt. show()
```

执行结果如图 3-8 所示。

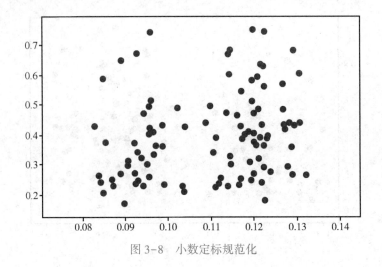

图 3-8 小数定标规范化

3.4 数据归约

数据仓库中往往存有海量数据，在其上进行复杂的数据分析与挖掘需要很长的时间。数据归约可以用来得到数据集的归约表示，这种表示相比于原数据集要小得多，但可以产生相同的（或几乎相同的）分析结果。

二维码 3-7 维度归约

3.4.1 维度归约

维度归约以减少所考虑的随机变量或属性的个数为目标。维度归约使用数据编码或变换得到原数据归约或"压缩"表示，减少所考虑的随机变量或属性个数。若归约后的数据只能重新构造原始数据的近似表示，则该数据归约是有损的；若可以构造出原始数据而不丢失任何信息，则是无损的。

1. 主成分分析

主要成分分析是一种广泛使用的维度归约方法，它把原始数据变换或投影到较小的空间。主成分分析（Principal Component Analysis，PCA）又称为 K-L 方法，搜索 k 个最能代表数据的 n 维正交向量，其中 $k \leqslant n$。这样，原来的数据投影到一个小得多的空间，实现维度归约。

1）PCA 基本方法

通过创建一个替换的、较小的变量集"组合"属性的基本要素。原数据可以投影到该较小的集合中。PCA 常常能够揭示先前未曾察觉的联系，并因此允许解释不寻常的结果。

2）PCA 基本过程

（1）对输入数据 $X = \{x_1, x_2, \cdots, x_n\}$ 规范化，使得每个属性都落入相同的区间。此步有助于确保具有较大定义域的属性。

（2）PCA 计算 k 个标准正交向量，作为规范化输入数据的基。这些基是单位向量，每个都垂直于其他向量。这些向量称为主成分。输入数据是主成分的线性组合。

（3）对主成分按"重要性"或强度降序排列。主成分本质上充当数据的新坐标系，提供关于方差的重要信息，也就是说，对坐标轴进行排序，使得第一个轴显示的数据方差最大，第二个显示的方差次之，如此下去。

（4）通过去掉较弱的成分（方差较小的那些）来归约数据。使用最强的主成分，应当能够重构原数据的很好的近似。

PCA 可以用于有序和无序的属性，并且可以处理稀疏和倾斜数据。多于二维的多维数据可以通过 PCA 将问题归约为二维问题来处理。主成分可以用作多元回归和聚类分析的输入。

2. 属性子集选择

属性子集选择是另一种维度归约方法，它检测不相关、弱相关或冗余的属性（维）并删除它们，遍历所有属性子集的方法在时间代价上是昂贵的，因为分析具有 n 个属性的数据的每个子集至少需要 $O(2n)$ 的时间。完成这项任务最简单的方法是使用统计显著性测试，以便识别出最佳（或最差）属性。统计显著性检验假设属性彼此独立。该方法是一种贪心算法，首先确定显著性水平（显著性水平的统计理想值为 5%），之后反复测试模型，直到所有属性的 P 值（概率值）小于或等于选定的显著性水平，即 P 值高于显著性水平的属性被丢弃了。最后我们会得到一个简化的数据属性子集，该子集中没有不相关的属性。

（1）逐步向前选择：该过程由空属性集开始，选择原属性集中最好的属性，并将它添加到该集合中。在其后的每次迭代中，将原属性集剩下的属性中最好的属性添加到该集合中。

（2）逐步向后删除：该过程由整个属性集开始。在每一步，删除掉尚在属性集中的最坏属性。

（3）逐步向前选择和逐步向后删除组合：向前选择和向后删除方法可以结合在一起，每一步选择一个最好的属性，并在剩余属性中删除一个最坏的属性。

（4）决策树归纳：决策树算法（如 ID3、C4.5 和 CART）最初是用于分类的。决策树归纳构造一个类似于流程图的结构，其每个内部（非树叶）结点表示一个属性上的测试，每个分枝对应于测试的一个结果；每个外部（树叶）结点表示一个类预测。在每个结点，算法选择"最好"的属性，将数据划分成类。

例 3_12_PCA_AttributeSubsetSelection. py

本例选取 Boston 房价数据集，载入用到的包和数据集，Boston 数据集是 Sklearn 中自带的经典数据集。

```python
from sklearn. feature_selection import RFE
from sklearn. linear_model import LinearRegression
from sklearn. datasets import load_boston
from sklearn. decomposition import PCA
```

通过下面的代码载入 Boston 数据集后，可以获得该数据集的大小，共 506 行，13 个特征维度。

```
boston = load_boston()
X = boston["data"]
X. shape
```

Sklearn 自带 PCA 函数，可以直接使用，如下代码所示。首先判断应该选取几个主成分，通过观察特征方差百分比数组，可以看到当选取前 3 个主成分时，累计贡献率已接近 99%，所以选择 3 个主成分。

```
pace = PCA()
pca. fit(X)
pca. explained_variance_ratio_        #输出方差百分比
```

执行结果如下：

```
Array([8. 05823175e- 01,1. 63051968e- 01,2. 13486092e- 02,6. 95699061e- 03,
    1. 29995193e- 03,7. 27220158e- 04,4. 19044539e- 04,2. 48538539e- 04,
    8. 53912023e- 05,3. 08071548- 05,6. 65623182e- 06,1. 56778461e- 06,
    7. 96814208e- 08])
```

下面代码演示了当选取 3 个主成分后，如何将原始数据从 13 维降到 3 维，这三维数据占了原始数据 98%以上的信息。

```
pca = PCA(3)
pca. fit(X)
low_d = pca. transform(X)        #降低维度
low_d. shape
```

执行结果如下：

```
(506,3)
```

之后，进行属性子集的选择，使用了线性回归模型来筛选属性。

```
Y = boston["target"]
names = boston["feature_names"]
lr = LinearRegression()
rfe = RFE(lr, n_features_to_select=1)
rfe. fit(X,Y)
print ("Features sorted by their rank:")
print (sorted(zip(map(lambda x: round(x, 4), rfe. ranking_), names)))
```

在这里调用 sklearn. feature_selection 包中的递归特征消除（RFE）模型实现逐步向前选择的属性子集选择方法。输出结果显示了特征的选择顺序。

执行结果如下：

Features sorted by their rank:
[(1,'NOX'),(2,'RM'),(3,'CHAS'),(4,'PTRATIO'),(5,'DIS'),
(6,'LSTAT'),(7,'RAD'),(8,'CRIM'),(9,'INDUS'),(10,'ZN'),(11,'TAX'),(12,'B'),(13,'AGE')]

3.4.2 特征归约

二维码3-8 特征提取

在进行数据归约时不但要处理干扰数据和污染数据，而且要处理不相关、相关、冗余数据。为了提高效率，通常单独处理相关特征，只选择与挖掘应用相关的数据，以达到用最小的测量和处理量获得最好的性能的目的。特征归约的目标：

（1）更少的数据，以便挖掘算法能更快地学习。

（2）更高的挖掘处理精度，以便更好地从数据中归纳出模型。

（3）简单的挖掘处理结果，以便理解和使用起来更加容易。

（4）更少的特征，以便在下一次数据收集中通过去除冗余或不相关特征做到节俭。

1. 特征选择

特征选择是从数据集的诸多特征中选择与目标变量相关的特征，去掉那些不相关的特征。特征选择分为两个问题：一个是子集搜索问题，另外一个是子集评价问题。比如将前向搜索和信息熵评价这两种策略进行结合就是决策树算法，事实上决策树算法可以进行特征选择。sklearn中"树形"算法的feature_importances_就是特征重要性的体现。

例如，若一个数据集有3个特征{A1,A2,A3}，在特征选择的过程中，特征出现编码为1，特征不出现规则为0，则共有23归约的特征子集，编码为{0,0,0}、{1,0,0}、{0,1,0}、{0,0,1}、{1,1,0}、{1,0,1}、{0,1,1}和{1,1,1}。特征选择的任务是搜索空间中的每种状态都指定可能特征的一个子集。此问题$n=3$，空间较小，但大多数挖掘应用，$n>20$，搜索起点和搜索策略相当重要。常常用试探搜索代替穷举搜索。

常用的特征选择分为三类：过滤式（filter）、包裹式（wrapper）和嵌入式（embedding）。

（1）过滤式：先进行特征选择，然后进行后续训练，特征选择和后续训练过程没有关系。

（2）包裹式：将机器学习的性能当作子集评价标准。

（3）嵌入式：将特征选择和机器学习融为一体，两者在同一个优化过程中完成。包裹式中的子集选择和机器训练过程还是有区分的，而嵌入式将这两个过程融为一个过程。

特征选择算法的类型有单变量选择、递归特征消除（RFE）、主成分分析（PCA）和选择重要特征（特征重要度）。下面以回归特征消除为例讲解特征选择。

例3_13_RegressionFeatureElimination.py

Recursive feature elimination（RFE）是使用回归的方法，在一个模型中不断减少不重要的特征，最后得到需要的特征。下面是RFE中的参数：

estimator：输入需要的模型。

n_features_to_select：需要选择的特征，默认选择半数。

step：如果大于等于 1，那么每次迭代时去除 step 个，如果是 0~1 之间的小数，代表每次迭代去除的百分比。

下面是在手写数字识别数据集中进行像素选择的例子：

```
#导入包
from sklearn. datasets import load_digits
from sklearn. svm import SVC
from sklearn. datasets import load_digits
from sklearn. feature_selection import RFE
importmatplotlib. pyplot as plt
#加载数字数据集
digits = load_digits()
X = digits. images. reshape((len(digits. images), - 1))
y = digits. target
#创建 RFE 对象并对每个像素进行排序
svc = SVC(kernel = "linear", C = 1)
rfe = RFE(estimator = svc, n_features_to_select = 1, step = 1)
rfe. fit(X, y)
ranking = rfe. ranking_. reshape(digits. images[0]. shape)
#绘图像素排序
plt. matshow(ranking)
plt. colorbar()
plt. title("Ranking of pixels with RFE")
plt. show()
```

执行结果如图 3-9 所示。

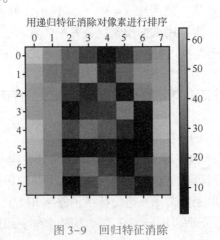

图 3-9　回归特征消除

回归特征消除的主要思想是反复构建模型（如 SVM 或者回归模型），然后选出最好的（或者最差的）的特征（可以根据系数来选），最后在剩余的特征上重复这个过程，直到所有特征都遍历了。这个过程中特征被消除的次序就是特征的排序。因此，这是一种寻找最优特征子集的贪心算法。

2. 特征提取

特征提取与特征选择都是数据降维技术，不过二者有着本质上的区别。特征选择能够保持数据的原始特征，最终得到的降维数据其实是原数据集的一个子集；而特征提取会通过数据转换或数据映射得到一个新的特征空间，尽管新的特征空间是在原特征基础上得来的，但是凭借人眼观察可能看不出新数据集与原始数据集之间的关联。

下面通过文本数据的处理学习特征提取。

文本数据无法通过计算机直接处理，需要先将其数字化。特征提取的目的是将文本字符串转换为数字特征向量。这里介绍基础的词袋模型。

词袋（Bag of Words）模型的基本思想是将一条文本仅看作一些独立的词语的集合，忽略文本的词序、语法和句法。简单地说，就是将每条文本都看成一个个的袋子，里面装的都是词，称为词袋，后续分析时就用词袋代表整篇文本。

建立词袋模型，首先需要对文档集中的文本进行分词，统计在所有文本中出现的词条，构建整个文档集的词典，假设词典长度为 n；然后为每条文本生成长度为 n 的一维向量，值为字典中对应序号的词在该文本中出现的次数。

例 3_14_ WordBagModel. py

文档集包含以下 3 条中文文本，提取文档集的词袋模型特征。

句子 1：“我是中国人，我爱中国。”

句子 2：“我是济南人。”

句子 3：“我住在济南长清大学城。”

（1）分词，3 个句子的分词结果如下，用“/”表示词的分割：

句子 1：“我/是/中国/人，我/爱/中国。”

句子 2：“我/是/济南/人。”

句子 3：“我/住/在/济南/长清/大学城。”

（2）构造文档集词典 dictionary。将所有句子中出现的词拼接起来，去除重复词、标点符号后，得到包含 10 个单词的字典：

{' 济南 ':0,' 中国 ':1,' 人 ':2,' 住 ':3,' 在 ':4,大学城:5,' 我 ':6,' 是 ':7,长清:8,' 爱 ':9 }。

字典中词是键，值是该词的序号，词的序号与其在句子中出现的顺序没有关联。

（3）根据文档集字典，计算每个句子的特征向量，即词袋。每个句子被表示为长度为 10 的向量，其中第 i 个元素表示字典中值为 i 的单词在句子中出现的次数。

句子 1：[0 2 1 0 0 0 2 1 0 1]

句子 2：[1 0 1 0 0 0 0 1 1 0 0]

句子 3：[1 0 0 1 1 1 1 1 0 1 0]

为每条文本生成词袋需要使用 scikit-learn 工具包提供的 feature_extraction. text 模块的 CountVectorizer 类。相关函数如下。

词袋模型初始化：

```
cv =CountVectorizer(token_pattern)
```

生成磁袋向量：

cv_fit=cv. fit_transform(split_corpus)

参数说明：

token_pattern：token 模式的正则表达式，默认为字符数两个及以上的 token。

split_corpus：文本词

注意：程序运行前要安装 jieba。

```
#句子1:"我/是/中国/人,我/爱/中国"#句子2:"我/是/济南/人"#句子3:"我/住/在/济南/长清/大学城"
fromsklearn. feature_extraction. text import CountVectorizer
import jieba
#给出文档集,放在字符串列表中
corpus = ["我是中国人,我爱中国", "我是济南人", "我住在济南长清大学城" ]
split_corpus = []                      #初始化存储 jieba 分词后的列表
#循环为 corpus 中的每个字符串分词
for c in corpus:
    #将 jieba 分词后的字符串列表拼接为一个字符串,元素之间用" "分割
    s = " ". join(jieba. lcut(c))        #将分词得到的列表
    split_corpus. append(s)              #将分词结果字符串添加到列表中
print(split_corpus)
#生成词袋
cv = CountVectorizer()
cv_fit=cv. fit_transform(split_corpus)
print(cv. get_feature_names())          #显示特征列表
print(cv_fit. toarray())                #显示特征向量
```

执行结果如下：

```
['我是中国人,我爱中国' , '我是济南人' ,'我住在济南长清大学城']
['济南','中国' ,'大学城' ,'松江']
[[0 2 0 0]
[1 0 0 0]
[1 0 1 1]]
```

这时得到的文档字典只包含 4 个词语，是由于 CountVectorizer( ) 函数在默认情况下只将字符数大于 1 的词语作为特征，所以 "人" "住" 等特征词均被过滤掉了。若需保留这些特征词，则需修改 token_pattern 的参数值，将默认值" (？u) b \ w \ w+ \ b" 修改为 " (？u)b \ w+ \ b"。

```
#修改 token_pattern 默认参数,保留所有词特征
cv = CountVectorizer(token_pattern=r"(? u)\b\w+\b")
cv_fit=cv. fit_transform(split_corpus)
print(cv. get_feature_names())          #显示特征列表
print(cv_fit. toarray())                #显示特征向量
```

执行结果为：

```
['济南','中国','人','住','在','大学城','我','是城','长清','爱']
[[0 2 1 0 0 0 2 1 0 1]
[1 0 1 0 0 0 1 1 0 0]
[1 0 0 1 1 1 1 0 1 0]]
```

3.4.3 数值归约

数值归约（Numerosity Reduction）用替代的、较小的数据表示形式换原始数据。这些技术可以是参数或者非参数的。对于参数方法而言，使用模型估计数据，一般只需要存放模型参数而不是实际数据（离群点需存放），如回归和对数–线性模型。

1. 有参数方法

有参数方法是使用一个模型来评估数据，只需存放参数，而不需要存放实际数据，如回归模型和对数线性模型。

（1）回归模型：在简单的线性回归中，对数据建模，使之拟合到一条直线，用来近似给定数据。例如，可以用以下公式：

$$y = wx + b \qquad (3-4)$$

将随机变量 y（称作因变量）表示为另一随机变量 x（称为自变量）的线性函数，假设 y 的方差是常量。在数据挖掘中，y 和 x 是数值数据库属性，回归系数 w 和 b 分别为直线的斜率和 y 轴截距。回归系数可用最小二乘法求解，即最小化数据的实际直线与该直线的估计之间的误差。

（2）对数线性模型：对数线性模型（Log-Linear Model）近似离散的多维概率分布。给定 n 维元组的集合，可把每个元组看作 n 维空间的点。对于离散属性集，可用对数线性模型，基于维族和的一个较小子集，估计多维空间中每个点的概率，这使得高维数据空间可以由较低维数据空间构造。对数线性模型也可用于维度归约和数据平滑。

2. 非参数方法

存放数据归约表示的非参数方法包括：直方图、聚类、抽样和数据立方体聚类。

（1）直方图：直方图使用分箱来近似数据分布，是一种流行的数据归约形式。属性 A 的直方图（Histogram）将 A 的数据分布划分为不相交的子集或桶。如果每个桶只代表单个属性值/频率对，则该桶称为单值桶。桶表示给定属性的一个连续区间。等宽直方图中，每个桶的宽度区间是相等的。等频（等深）直方图中，每个桶大致包含相同个数的邻近数据样本。对于近似稀疏和稠密数据，以及高倾斜和均匀的数据，直方图是有效的。图3-10所示为一个直方图。

（2）聚类：聚类技术把数据元组看作对象，将对象划分为群或簇，使得在一个簇中的对象相互相似，而与其他簇中的对象相异。通常，相似性基于距离函数，用对象在空间中的接近程度定义。簇的质量用直径表示，直径是簇中两个对象的最大距离。形心距离是簇质量的另一

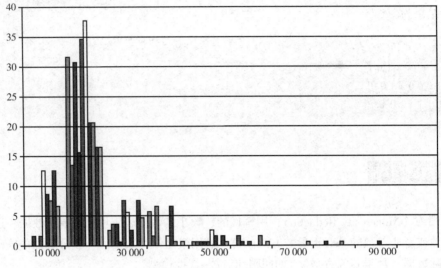

图 3-10　直方图

种度量，定义为簇中每个对象到簇形中（表示平均对象，或簇空间中的平均点）的平均距离。在数据归约中，用数据的簇代表替换实际数据，其有效性依赖数据的性质。对于被污染的数据，能够组织成不同簇的数据，比较有效。例如，图 3-11 是原始数据，图 3-12 是簇采样数据。

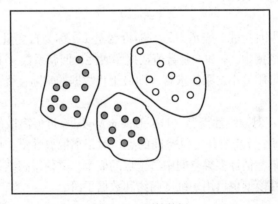

图 3-11　原始数据

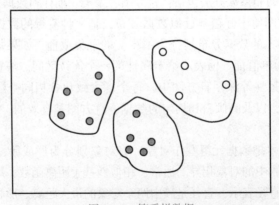

图 3-12　簇采样数据

（3）抽样：抽样可以作为一种数据归约的技术使用，因为它允许用数据小得多的随机样本表示数据集，如图 3-13 所示。

①s 个样本的无放回简单随机抽样（SRSWOR）：从 N 个元组中抽取 s 个样本（$s<N$），其中任意元组被抽取的概率均为 $1/N$（等可能的）。

②s 个样本的有放回简单随机抽样（SRSWR）：一个元组被抽取后，又被放回数据集中，以便再次被抽取。

③簇抽样：数据集放入 M 个互不相交的簇，可以得到 s 个簇的简单随机抽样（SRS），$s<M$。

④分层抽样：数据集被划分成互不相交的部分，称为"层"。数据是倾斜的时，可以帮助确保样本的代表性（如按季度或年龄分层）。

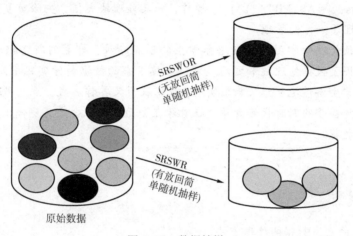

图 3-13　数据抽样

（4）数据立方体聚集：数据立方体存储多维聚集信息。每个属性都可能存在概念分层，允许在多个抽象层进行数据分析。数据立方体提供对预计算的汇总数据进行快速访问，适合联机数据分析和数据挖掘。在最低抽象层创建的立方体称为基本方体（Base Cuboid）。最高层抽象的立方体称为顶点方体（Apex Cuboid）。数据立方体聚集帮助我们从低粒度的数据分析聚合成汇总粒度的数据分析。我们认为表中最细的粒度是一个最小的立方体，在此之上每个高层次的抽象都能形成一个更大的立方体。例如，图 3-14 是中国 2020—2022 年的各个季度的 GDP 数值。左部销售数据按照季度显示，右部数据聚集提供年销售额。

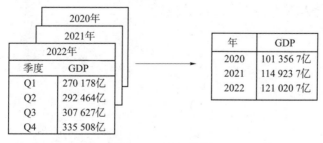

图 3-14　GDP 数据

pandas pipe：一种更优雅的数据预处理方法！

　　预处理是数据分析中必不可少的工程。预处理之所以重要，是因为它会对后续的数据分析质量、模型预测精度产生极大影响。在实际项目中拿到的数据往往是杂乱无章的（数据缺失、数据不一致、数据重复等），要想得到理想结果，就必须通过一些恰当的分析方法提高数据质量，而这就是预处理的工作。在本书中，我们将重点讨论一个将「多个预处理操作」组织成「单个操作」的特定函数：pipe（）。如例 3_6_pandas pipe（）．py中的"（my_df. pipe（fill_missing_values）. pipe（drop_duplicates," id"）. pipe（remove_outliers，［"A"，"B"］））"操作，是集处理缺失值、去除重复值、删除异常值等多个预处理于一体的管理。

　　经过数据预处理的学习，旨在培养学生的创新精神、自主创新意识和精益求精精神。学生在掌握了数据处理技术之后，可以在接下来的数据科学实践中发挥重要作用。因此广大青年学生要怀抱梦想又脚踏实地，敢想敢为又善作善成，立志做有理想、敢担当、能吃苦、肯奋斗的新时代好青年，让青春在全面建设社会主义现代化国家的火热实践中绽放绚丽之花。

思考与练习

1. 简述常见的噪声数据的处理方法。

2. 列举属性值冲突问题的解决方法。

3. 编程实现：基于本书中 3.1.2 小节实现学生调查反馈数据的去重操作。

4. 如下规范化方法的值域是什么？

（1）最小-最大规范化。

（2）z 分数规范化。

（3）z 分数规范化，使用均值绝对偏差而不是标准差。

（4）小数定标规范化。

5. 假设 12 个销售记录价格已经排序，如下所示：5、10、11、13、15、35、50、55、72、92、204、215。使用如下方法使它们划分成三个箱进行离散化。

（1）等频（等深）划分。

（2）等宽划分。

（3）聚类。

第4章　数据分析

【学习目标】

1. 了解数据分析基本概念；

2. 熟悉几种数据分析方法；

3. 熟练运用决策树分类算法、朴素贝叶斯算法、支持向量机算法、关联分析算法、划分聚类算法、线性回归算法。

数据分析包括4类经典算法：分类、关联、聚类、回归。本章将对4类算法进行详细介绍。

4.1　相似度和相异度的度量

数据的相似性和相异性是两个非常重要的概念，在许多数据挖掘技术中都会使用，如聚类分析。在许多情况下，一旦计算出数据的相似性或相异性，就不会需要原始数据了，这种方法可视为先将数据变换到相似性（相异性）空间，然后再进行分析。

相似度（Similarity）：两个对象相似程度的数值度量，通常相似度是非负的，在[0,1]上取值。

相异度（Disimilarity）：两个对象差异程度的数值度量，通常也是非负的，在[0,1]上取值，0到∞也很常见。

4.2　分类分析

分类分析数据库中组数据对象的共同特点并按照分类模式将其划分为不同的类，其目的是通过分类模型，将数据库中的数据项映射到某个给定的类别。现实生活中会遇到很多分类问题，如经典的手写数字识别问题等。

4.2.1 分类分析基本概念

分类学习是类监督学习的问题，训练数据会包含其分类结果，根据分类结果可以分为以下几种。

（1）二分类问题：是与非的判断，分类结果为两类，从中选择一个作为预测结果。

（2）多分类问题：分类结果为多个类别，从中选择一个作为预测结果。

（3）多标签分类问题：不同于前两者，多标签分类问题中一个样本可能有多个预测结果，或者有多个标签。多标签分类问题很常见，比如一则新闻可以同时属于政治新闻和法律新闻，中国式现代化可以同时是物质文明和精神文明相协调的现代化和人与自然和谐共生的现代化。

分类问题作为一个经典问题，有很多经典模型产生并被广泛应用。就模型本质所能解决问题的角度来说，模型可以分为线性分类模型和非线性分类模型。

线性分类模型中，假设特征与分类结果存在线性关系，通常将样本特征进行线性组合，表达形式如下：

$$F(x) = w_1x_1 + w_2x_2 + \cdots + w_dx_d + b \tag{4-1}$$

表达成向量形式如下：

$$F(x) = w * x + b \tag{4-2}$$

式中，$w = (w_1, w_2, \cdots, w_d)$。线性分类模型的算法是对 w 和 b 的学习，典型的算法包括逻辑回归（Logistic Regression）和线性判别分析（Linear Discriminant Analysis）。

当所给的样本线性不可分时，则需要非线性分类模型。非线性分类模型中的经典算法包括决策树（Decision Tree）、支持向量机（Spprp Veter Machine，SVM）、朴素贝叶斯（Naive Bayes）和 K 近邻（K-Neurest Neighbor，KNN）。

二维码 4-1　决策树分类方法

4.2.2 决策树分类方法

1. 决策树原理

决策树可以完成对样本的分类。它被看作对于"当前样本是否属于正类"这一问题的决策过程，它模仿人类做决策时的处理机制，基于树的结果进行决策。例如，总的问题是在进行信用卡申请时，估计一个人是否可以通过信用卡申请（分类结果为是与否），这可能需要其多方面特征，如年龄、是否有固定工作、历史信用评价（好或不好）等。人类在做类似的决策时会进行一系列子问题的判断：是否有固定工作；年龄属于青年、中年还是老年；历史信用评价是好还是不好。在决策树过程中，会根据子问题搭建构造中间节点，叶子节点则为总问题的分类结果，即是否通过信用卡申请。

如图 4-1 所示，先判断"年龄"，如果年龄属于中年，判断"是否有房产"；如果没有房产，再判断"是否有固定工作"；如果有固定工作，则得到最终决策，通过信用卡申请。

以上为决策树的基本决策过程，决策过程的每个判定问题都是对属性的"测试"，如

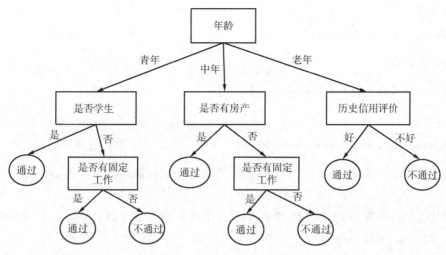

图 4-1　信用卡申请的决策树

"年龄""历史信用评价"等。每个判定结果是最终结论或者下一个判定问题，考虑范围是上次判定结果的限定范围。

一般一棵决策树包含一个根节点、若干个中间节点和若干个叶子节点，叶子节点对应总问题的决策结果，根节点和中间节点对应中间的属性判定问题。每经过一次划分得到符合该结果的一个样本子集，从而完成对样本集的划分过程。

决策树的生成过程是一个递归过程。在决策树的构造过程中，当前节点所包含样本全部属于同一类时，这一个节点则可以作为叶子节点，递归返回；当前节点所有样本在所有属性上取值相同时，只能将其类型设为集合中含样本数最多的类别，这同时也实现了模糊分类的效果。

在树构造过程中，每次在样本特征集中选择最合适的特征作为分支节点，这是决策树学习算法的核心，目标是使决策树能够准确预测每个样本的分类，且树的规模尽可能小。不同的学习算法生成的决策树有所不同，常用的有 ID3、C4.5 和 CART 等算法，用户可以在实际应用过程中通过反复测试比较来决定问题所适用的算法。

2. 决策树分类实现

scikit-learn 的 Decision Tree Classifier 类实现决策树分类器学习，支持二分类和多分类问题。分类性能评估同样采用 metrics 实现。相关实现函数格式如下。

模型初始化：

```
clf = tree. DecisionTreeClassifier()
```

模型学习：

```
clf. fit(X, y)
```

Accuracy 计算：

```
clf. score(X,y)
```

模型预测：

    predicted_y =clf. predict (X)

混淆矩阵计算：

    metrics. confusion _matrix(y, predicted _y)

分类性能报告：

    metrics. classification_ report(y, predicted _y)

案例：使用 siki-lemm 建立决策树为银行贷款偿还的数据集构造分类器，并评估分类器的性能。

银行贷款偿还数据集共包括 15 个样本，每个样本包含 3 个特征项、1 个分类标签，保存在文本文件 bankdebt. csv 中。

例 4_1_DecisionTree. py

（1）从文件中读取 5 个样本，查看是否正确。

```
filename = ' data/bankdebt. csv'
data = pd. read_csv(filename, nrows = 5, index_col = 0, header = None)
print(data)
```

执行结果如下：

0	1	2	3	4
1	Yes	Single	12. 5	No
2	No	Married	10. 0	No
3	No	Single	7. 0	No
4	Yes	Married	12. 0	No
5	No	Divorced	9. 5	Yes

（2）训练分类器模型时，参数为数值型数组，需要将样本中字符类型的数据替换为数字。统一将"Yes"替换为 1，"No"替换为 0；婚姻状况"Single"替换为 1，"Married"替换为 2，"Divorced"替换为 3。

```
data =pd. read_csv(filename, index_col = 0, header = None)
data. loc[data[1] == ' Yes' ,1 ] = 1
data. loc[data[1] == ' No' ,1 ] = 0
data. loc[data[4] == ' Yes' ,4 ] = 1
data. loc[data[4] == ' No' ,4 ] = 0
data. loc[data[2] == ' Single' ,2 ] = 1
data. loc[data[2] == ' Married' ,2 ] = 2
data. loc[data[2] == ' Divorced' ,2 ] = 3
print(data. loc[1:5,:] )
```

替换前 5 条数据后，执行结果如下：

0	1	2	3	4
1	1	1	12.5	0
2	0	2	10.0	0
3	0	1	7.0	0
4	1	2	12.0	0
5	0	3	9.5	1

（3）data 前 3 列数据是特征属性值，取出赋给 X，最后 1 列是分类值（必须为整型）赋给 y，训练分类器，分类器的 score( ) 函数可以给出分类的 Accuracy。

```
X = data. loc[ :, 1:3 ]. values. astype(float)
y = data. loc[ :, 4]. values. astype(int)
#导入决策树,训练分类器
from sklearn import tree
clf = tree. DecisionTreeClassifier()
clf = clf. fit(X, y)
clf. score(X,y)# 计算分类器的 Accuracy
```

输出的准确率结果为 1.0，在此小数据集上，模型预测完全正确。

（4）对分类器的性能进行评估。

```
predicted_y = clf. predict(X)
fromsklearn import metrics
print(metrics. classification_report(y, predicted_y))
print(' Confusion matrix:' )
print(metrics. confusion_matrix(y, predicted_y) )
```

执行结果如下：

	precision	recall	f1- score	support
0	1.00	1.00	1.00	10
1	1.00	1.00	1.00	5
accuracy			1.00	15
macro avg	1.00	1.00	1.00	15
weighted avg	1.00	1.00	1.00	155

```
Confusion matrix:
[[10  0]
 [ 0  5]]
```

4.2.3 朴素贝叶斯分类方法

1. 基本概念

朴素贝叶斯算法是基于贝叶斯理论的概率算法，在学习其原理和应用前，先了解几个相关概念。

1）随机试验

随机试验是指可以在相同条件下重复试验多次，所有可能发生的结果都是已知的，但每次试验到底会发生其中哪一种结果是无法预先确定的。

2）事件与空间

在一个特定的试验中，每个可能出现的结果称作一个基本事件，全体基本事件组成的集合称作基本空间。

在一定条件下必然会发生的事件称作必然事件，可能发生也可能不发生的事件称作随机事件，不可能发生的事件称作不可能事件，不可能同时发生的两个事件称作互斥事件，二者必有其一发生的事件称作对立事件。

例如，在水平地面上投掷硬币的试验中，正面朝上是一个基本事件，反面朝上是一个基本事件，基本空间中只包含这两个随机事件，并且二者既为互斥事件又为对立事件。

3）概率

概率是用来描述在特定试验中一个事件发生可能性大小的指标，是介于 0 和 1 之间的实数，可以定义为某个事件发生的次数与试验总次数的比值，即

$$P(x) = \frac{n_x}{n} \tag{4-3}$$

式中，n_x 表示事件 x 发生的次数，n 表示试验总次数。

4）先验概率

先验概率是指根据以往的经验和分析得到的概率。

例如，投掷硬币实验中，50% 就是先验概率。再如，有 5 张卡片，上面分别写着数字 1、2、3、4、5，随机抽取一张，取到偶数卡片的概率是 40%，这也是先验概率。

5）条件概率

条件概率也称作后验概率，是指在另一个事件 B 已经发生的情况下，事件 A 发生的概率，记为 $P(A|B)$。如果基本空间只有两个事件 A 和 B，则有

$$P(A \cap B) = P(A|B)P(B) = P(B|A)P(A) \tag{4-4}$$

或

$$P(A|B) = \frac{P(A \cap B)}{P(B)} \tag{4-5}$$

以及

$$P(B|A) = \frac{P(A \cap B)}{P(A)} \tag{4-6}$$

式中，$A \cap B$ 表示事件 A 和 B 同时发生，当 A 和 B 为互斥事件时，有 $P(A \cap B) = 0$，容易得

知，此时也有 $P(A|B) = P(B|A) = 0$。

仍以上面随机抽取卡片的试验为例，如果已知第一次抽到偶数卡片并且没有放回去，那么第二次抽取到偶数卡片的概率则为25%，这就是后验概率。

作为条件概率公式的应用，已知某校大学生英语四级考试通过率为98%，通过四级之后才可以报考六级，并且已知该校学生英语六级的整体通过率为68.6%，那么通过四级考试的那部分学生中有多少通过了六级呢？

在这里，使用 A 表示通过英语四级，B 表示通过英语六级，那么 $A \cap B$ 表示既通过四级又通过六级，根据上面的公式有

$$P(B|A) = \frac{P(A \cap B)}{P(A)} = 0.686 \div 0.98 = 0.7$$

可知，在通过英语四级考试的学生中，有70%的学生通过了英语六级。

6）全概率公式

已知若干互不相容的事件 B_i，其中 $i = 1, 2, \cdots, n$，并且所有事件 B_i 构成基本空间，那么对于任意事件 A，有

$$P(A) = \sum_{i=1}^{n} P(A|B_i)P(B_i) \tag{4-7}$$

这个公式称作全概率公式，可以把复杂事件 A 的概率计算转化为不同情况下发生的简单事件的概率求和问题。

例如，仍以上面描述的抽取卡片的试验为例，从5个卡片中随机抽取一张不放回，然后再抽取一张，第二次抽取到奇数卡片的概率是多少？

使用 A 表示第一次抽取到偶数卡片，$\bar{A}$ 表示第一次抽取到奇数卡片，B 表示第二次抽取奇数卡片。B 事件发生的概率是由事件 A 和 $\bar{A}$ 这两种情况决定的，所以，根据全概率公式，有

$$P(B) = P(A)P(B|A) + P(\bar{A})P(B|\bar{A})$$

$$= \frac{2}{5} \times \frac{3}{4} + \frac{3}{5} \times \frac{2}{4}$$

$$= \frac{3}{5}$$

可知，第二次抽到奇数卡片的概率为60%。

7）贝叶斯理论

贝叶斯理论用来根据一个已发生事件的概率计算另一个事件发生的概率，即

$$P(A|B)P(B) = P(B|A)P(A) \tag{4-8}$$

或

$$P(A|B) = \frac{P(B|A)P(A)}{P(B)} \tag{4-9}$$

2. 朴素贝叶斯算法分类的原理与 sklearn 实现

朴素贝叶斯算法之所以说"朴素"，是指在整个过程中只做最原始、最简单的假设，例如，假设特征之间互相独立并且所有特征同等重要。

使用朴素贝叶斯算法进行分类时，分别计算未知样本属于每个已知类的概率，然后选择

其中概率最大的类作为分类结果。根据贝叶斯理论，样本 x 属于某个类 c 的概率计算公式为

$$P(c_i|x) = \frac{P(x|c_i)P(c_i)}{P(x)} \tag{4-10}$$

然后在所有条件概率 $P(c_1|x), P(c_2|x), \cdots, P(c_n|x)$ 中选择最大的那个，例如 $P(c_k|x)$，并判定样本 x 属于类 c_k。

例如，如果邮件中包含"发票""促销""微信"或"电话"之类的词汇，并且占比较高或组合出现，那么这封邮件是垃圾邮件的概率会比没有这些词汇的邮件要大一些。

在扩展库 sklearm. naive_bayes 中提供了三种朴素贝叶斯算法，分别是伯努利朴素贝叶斯 Be-moulliNB、高斯朴素贝叶斯 GaussianNB 和多项式朴素贝叶斯 MultinomialNB，分别适用于伯努利分布（又称作二项分布或 0-1 分布）、高斯分布（也称作正态分布）和多项式分布的数据集。

以高斯朴素贝叶斯 GaussianNB 为例，该类对象具有 fit( )、predict( )、predict _proba( )、partial_ fit( )、score( )等常用方法，如表 4-1 所示。

表 4-1　GaussianNB 常用方法

方法	功能
fit(self, X, y, sample_weight = None)	根据给定的训练数据训练模型
predict(self, X)	预测 X 中样本所属类的标签
predict_proba(self, X)	概率估计，返回的估计值按分类的标签进行排序
partial_fit( )	以在线方式训练估计器，重复调用该方法不会清除模型状态，而是使用给定的数据对模型进行更新
score( )	预测器的方法，可以在给定数据集上评估预测结果，返回单个数值型得分，数值越大表示预测结果越好

案例：使用该算法对电子邮件进行分类。

（1）从电子邮箱中收集足够多的垃圾邮件和非垃圾邮件的内容作为训练集。

（2）读取全部训练集，删除其中的干扰字符，如【 】＊。、，等，然后分词，再删除长度为 1 的单个字，这样的单个字对于文本分类没有贡献，剩下的词汇认为是有效词汇。

（3）统计全部训练集中每个有效词汇出现的次数，截取出现次数最多的前 N（可以根据实际情况进行调整）个。

（4）根据每个经过步骤（2）预处理后的垃圾邮件和非垃圾邮件内容生成特征向量，统计第（3）步中得到的 N 个词语分别在该邮件中出现的频率。每个邮件对应于一个特征向量，特征向量长度为 N，每个分量的值表示对应的词语在本邮件中出现的次数。例如，特征向量 [3,0,0,5] 表示第一个词语在本邮件中出现了 3 次，第二个和第三个词语没有出现，第四个词语出现了 5 次。

（5）根据步骤（4）中得到特征向量和已知邮件分类创建并训练朴素贝叶斯模型。

（6）读取测试邮件，参考步骤（2），对邮件文本进行预处理，提取特征向量。

（7）使用步骤（5）中训练好的模型，根据步骤（6）提取的特征向量对邮件进行分类。

下面的代码创建多项式朴素贝叶斯分类模型，使用 151 封邮件的文本内容（0. txt ~ 150. txt）进行训练，其中 0. txt ~ 126. txt 为垃圾邮件的文本内容，127. txt ~ 150. txt 为正常邮件的文本内容。模型训练结束后，使用 5 封邮件的文本内容（151. txt ~ 155. txt）进行测试。

例 4_2_Psbys. py

```
from re import sub
from os import listdir
from collections import Counter
from itertools import chain
from numpy import array
from jieba import cut
from sklearn. naive_bayes import MultinomialNB
def getWordsFromFile(txtFile):
        #获取每一封邮件中的所有词语
        words = []
        #所有存储邮件文本内容的记事本文件都使用 UTF8 编码
        with open(txtFile, encoding=' utf8' ) as fp:
            for line in fp:
                #遍历每一行,删除两端的空白字符
                line =line. strip()
                #过滤干扰字符或无效字符
                line = sub(r' [. 【 】0- 9、—。,! ~ \* ]', '', line)
                #分词
                line = cut(line)
                #过滤长度为 1 的词
                line =filter(lambda word: len(word)>1, line)
                #把本行文本预处理得到的词语添加到 words 列表中
                words. extend(line)
        #返回包含当前邮件文本中所有有效词语的列表
        return words
#存放所有文件中的单词
#每个元素是一个子列表,其中存放一个文件中的所有单词
allWords = []
def getTopNWords(topN):
        #按文件编号顺序处理当前文件夹中所有记事本文件
        #训练集中共 151 封邮件内容,0. txt~126. txt 是垃圾邮件内容
        # 127. txt~150. txt 为正常邮件内容
        txtFiles = [str(i)+'. txt' for i in range(151)]
        #获取训练集中所有邮件中的全部单词
        for txtFile in txtFiles:
        allWords. append(getWordsFromFile(txtFile))
        #获取并返回出现次数最多的前 topN 个单词
        freq = Counter(chain(* allWords))
        return [w[0] for w in freq. most_common(topN)]
#全部训练集中出现次数最多的前 600 个单词
topWords = getTopNWords(600)
#获取特征向量,前 600 个单词的每个单词在每个邮件中出现的频率
```

```
vectors = []
for words inallWords:
    temp = list(map(lambda x: words. count(x), topWords))
    vectors. append(temp)
vectors = array(vectors)
#训练集中每个邮件的标签,1表示垃圾邮件,0表示正常邮件
labels = array([1]* 127 + [0]* 24)
#创建模型,使用已知训练集进行训练
model = MultinomialNB()
model. fit(vectors, labels)
def predict(txtFile):
    #获取指定邮件文件内容,返回分类结果
    words =getWordsFromFile(txtFile)
    currentVector = array(tuple(map(lambda x: words. count(x),
                                        topWords)))
    result =model. predict(currentVector. reshape(1, - 1))[0]
    print(model. predict_proba(currentVector. reshape(1, - 1)))
    return '垃圾邮件' if result==1 else '正常邮件'
# 151. txt~155. txt 为测试邮件内容
for mail in ('% d. txt' % i for i in range(151, 156)):
    print(mail, predict(mail),sep=' :' )
```

执行结果如下:

```
[[0. 00531716 0. 99468284]]
151. txt:垃圾邮件
[[9. 86125127e- 13 1. 00000000e+00]]
152. txt:垃圾邮件
[[0. 1589404 0. 8410596]]
153. txt:垃圾邮件
[[3. 13377251e- 04 9. 99686623e- 01]]
154. txt:垃圾邮件
[[0. 88673294 0. 11326706]]
155. txt:正常邮件
```

4.2.4 支持向量机分类方法

1. 支持向量机原理

在学习支持向量机算法之前,先看一个脑筋急转弯,在图4-2中画一条直线对多边形进行分隔来得到两个三角形,那么应该怎样画这条直线呢?

聪明的朋友应该已经想到了。在问题描述中要求画一条直线,但并没有限制直线的粗

细，如果我们可以画一条很粗的直线，那么就有很多种分隔的方法，其中一种画法如图 4-3
所示。

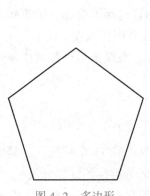

图 4-2　多边形　　　　　　　　图 4-3　画一条直线分隔多边形得到两个三角形

接下来再看图 4-4，在二维平面上凌乱地摆放着两类物体，分别使用加号和减号表示，
要求画一条直线把这两类物体分隔开。可知，这样的直线可以有多种画法，但是哪种更好
呢？很明显，对于图中的两条直线，L2 比 L1 要好很多，因为这样的直线和两类物体的距离
最大，两个类别之间的间隔最大。如果有新物体加入，误分类的概率更小。毕竟分类器的目
的不仅是划分已知的训练数据，更重要的是尽可能准确地划分未知数据。

在图 4-4 中，最接近于分隔直线 L2 的样本称作支持向量，直线 L2 两侧的阴影区域
（或者说那条很粗的直线）的宽度称作间隔。

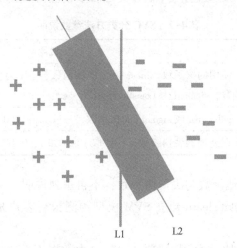

L1　　　L2

图 4-4　分隔平面上随意摆放的两类物体

支持向量机（Support Vector Machine，SVM）是通过寻找超平面对样本进行分隔从而实
现分类或预测的算法，分隔样本时的原则是使间隔最大化，寻找间隔最大的支持向量；在二
维平面上相当于寻找一条"最粗的直线"把不同类别的物体分隔开，或者说寻找两条平行
直线对物体进行分隔，并使得这两条平行直线之间的距离最大。如果样本在二维平面上不是
线性可分的，无法使用一条简单的直线将其完美分隔开，可尝试通过某种变换把所有样本都
投射到高维空间中，可以找到一个超平面将不同类的点分隔开。

SVM 采用核函数（Kermel Function）将低维数据映射到高维空间，选用适当的核函数，就能得到高维空间的分割平面，较好地将数据集划分为两部分。研究人员提出了多种核函数，以适应不同特性的数据集。常用的核函数有线性核、多项式核、高斯核和 sigmoid 核等。核函数的选择是影响 SVM 分类性能的关键因素，若核函数选择不合适，则意味着将样本映射到不合适的高维空间，无法找到分割平面。当然，即使采用核函数，也不是所有数据集都可以被完全分割的，因此 SVM 的算法中添加了限制条件，来保证尽可能减少不可分点的影响，使划分达到相对最优。

2. 支持向量机实现

案例：银行投资业务推广预测。

某银行客户数据集中包含客户的年龄、孩子个数、收入等 11 个特征项，其中"客户是否接受了银行邮件推荐的个人投资计划"（pep）是相应的分类标签（二分类），前 5 条数据如图 4-5 所示。数据样本共有 600 个，没有缺失数据，保存在 bankpep. csv 文件中。

id	age	sex	region	income	married	children	car	save_act	current_a	mortgage	pep
ID12101	48	FEMALE	INNER_(	17546	NO	1	NO	NO	NO	NO	YES
ID12102	40	MALE	TOWN	30085	YES	3	YES	NO	YES	YES	NO
ID12103	51	FEMALE	INNER_(	16575	YES	0	YES	YES	YES	NO	NO
ID12104	23	FEMALE	TOWN	20375	YES	3	NO	NO	YES	NO	NO

图 4-5　银行业务推广客户数据集

scikit-learn 的 SupportVectorClassficat 器的初始化函数如下。

clf = svm. SVC(kernel = ,gamma，C，…) ion 类实现 SVM 分类，只支持二分类，多分类问题需转化为多个二分类问题处理。SVM 分类方法参数说明如表 4-2 所示。

表 4-2　SVC 分类方法参数说明

参数名	说明
kermel	使用的核函数。inear 为线性核函数，poly 为多项式核函数，rbf 为高斯核函数，sigmoid 为 Logistic 核函数
gamma	poly、rbf 或 sigmoid 的核系数，一般取值为 $(0,1)$
C	误差项的惩罚参数。一般取 $10n$，如 1、0.1、0.01 等

注：SVM 分类实现其他函数与决策树一致，不再单独说明。

例 4_3_SVM：使用 scikit-learn 建立 SVM 模型预测银行客户是否接受推荐的投资计划，并评估分类器的性能。

（1）从文件中读取数据，通常特征项"id"是由数据库系统生成的，不具有任何意义，读入时作为列索引读入。

```
filename = ' data bankpep. csv'
data =pd. read_csv (filename, index col = ' id')
```

（2）SVM 算法只能使用数值型变量作为输入，需要将所有的特征值"YES"或"NO"转换为 1 或 0，"sex"特征值"FEMALE"和"MALE"也转换为 1 和 0。

由于有 6 个特征的值均为"YES""NO",将这些特征的标签放入一个序列,就可以通过 for 循环对特征逐个替换。

```
seq = [' married' , ' car' , ' save_act' , ' current_act' , ' mortgage' , ' pep' ]
for feature in seq :              #逐个特征进行替换
    data. loc[ data[feature] == ' YES' , feature ] =1
    data. loc[ data[feature] == ' NO' , feature ] =0
#将性别转换为整数 1 和 0
data. loc[ data[' sex' ] == ' FEMALE' , ' sex' ] =1
data. loc[ data[' sex' ] == ' MALE' , ' sex' ] =0
print(data[0:5])
```

替换后,执行结果如下:

id	age	sex	region	income	…	save_act	current_act	mortgage	pep
					…				
ID12101	48	1	INNER_CITY	17546. 0	…	0	0	0	1
ID12102	40	0	TOWN	30085. 1	…	0	1	1	0
ID12103	51	1	INNER_CITY	16575. 4	…	1	1	0	0
ID12104	23	1	TOWN	20375. 4	…	0	1	0	0
ID12105	57	1	RURAL	50576. 3	…	1	0	0	0

(3)特征项 region、child 的取值超过两个,且没有大小意义,应采用独热编码(one-hoteocding)进行转化,如 region 有 4 种取值,那么 region 列转换为 4 列,其中取值对应的列为 1,其余为 0。然后将原 DataFrame 中的 region 和 child 列删除,再将生成的二元矩阵连接上去。

```
#将离散特征数据进行独热编码,转换为 dummies 矩阵
dumm_reg = pd. get_dummies( data[' region' ], prefix=' region' )
#print(dumm_reg[0:5])
dumm_child = pd. get_dummies( data[' children' ], prefix=' children' )
#print(dumm_child[0:5])
#删除 dataframe 中原来的两列后再 jion dummies
df1 =data. drop([' region' ,' children' ], axis = 1)
#print( df1[0:5])
df2 = df1. join([dumm_reg,dumm_child], how=' outer' )
print( df2[0:2])
```

执行结果如下:

id	Age	sex	income	married	car	save_act	current_act	mortage	pep\
ID12101	48	1	17546. 0	0	0	0	0	0	1
ID12102	40	0	30085. 1	1	1	0	1	1	0

	region_INNER_CITY	region_RURAL	region_SUBURBAN	region_TOWN \
id				
ID12101	1	0	0	0
ID12102	0	0	0	1

	children_0	children_1	children_2	children_3
id				
ID12101	0	1	0	0
ID12102	0	0	0	1

（4）在 DataFrame 数据对象，'pep' 列存放分类标签，取出其值作为 y，其余列的值为 X。

```
#准备训练输入变量
X = df 2. drop([' pep' ], axis＝1). values. astype(float)
#X = df 2. iloc[:,:- 1]. values. astype(float)
y = df 2[' pep' ]. values. astype(int)
print("X. shape", X. shape)
print(X[0:2,:])
    print(y[0:2])
#训练模型,评价分类器性能
from sklearn import svm
from sklearn import metrics
clf = svm. SVC(kernel＝' rbf ' , gamma＝0. 6, C = 1. 0)
clf. fit(X, y)
print( "Accuracy:",clf. score(X, y) )
y_predicted = clf. predict(X)
print(metrics. classification_report(y, y_ predicted) )
```

执行结果如下：

Accuracy: 1. 0				
	precision	recall	f1- score	support
0	1. 00	1. 00	1. 00	326
1	1. 00	1. 00	1. 00	274
accuracy			1. 00	600
macro avg	1. 00	1. 00	1. 00	600
weighted avg	1. 00	1. 00	1. 00	600

这里用所有的样本训练 SVM 分类器，预测准确率为 100%。

（5）将数据集划分为测试集和训练集，在测试集上评估预测性能。

```
from sklearn import model_selection
X_train, X_test, y_train, y_test = model_selection. train_test_split(X, y, test_size＝0. 3, random_state＝1)
clf = svm. SVC(kernel＝' rbf ' , gamma＝0. 7, C = 1. 0)
```

```
clf. fit(X_train, y_train)
print("Performance on training set:", clf. score(X_train, y_train) )
print("Performance on test set:",clf. score(X_test, y_test) )
```

执行结果如下：

```
Performance on training set: 1. 0
Performance on test set: 0. 5555555555555556
```

这时我们发现分类器在训练集上准确率能够达到 100%，但在测试集上准确率只有 50% ~ 60%，效果极差。

（6）SVM 算法需要计算样本点之间的距离，为了保证样本各个特征项对距离计算的贡献相同，需对数值型数据做标准化处理。标准化处理有很多计算方法，这里将每列标准化为标准正态分布数据。

```
fromsklearn import preprocessing
X_scale = preprocessing. scale(X)
#将标准化后的数据集拆分为训练集和测试集,在测试集上查看分类效果
X_train, X_test, y_train, y_test = model_selection. train_test_split(X_scale, y, test_size=0. 3, random_state=1)
clf = svm. SVC(kernel=' poly', gamma=0. 6, C = 0. 001)
clf. fit(X_train, y_train)
print(clf. score(X_test, y_test) )
```

执行结果如下：

```
0. 8055555555555556
```

先对整个数据集进行标准化，然后再切分为训练集和测试集，训练得到的分类器在测试集上的准确率提高到 69%。

（7）通过调整模型初始化参数，进一步优化分类器模型。如 kemel = ' poly'，gamma = 0. 6，C = 0. 001，分类器在测试集上的准确率进一步提高到 80%。

📓 4.3 关联分析

二维码 4-2 关联分析

4.3.1 关联分析基本概念

关联规则是描述数据库中数据项之间所存在关系的规则，即根据事务中某些项的出现可导出另一些项在同一事务中也出现，即隐藏在数据间的关联或相互关系。关联规则的学习属于无监督学习，在实际生活中的应用很多，例如，分析顾客超市购物记录，可以发现很多隐

含的关联规则，如经典的啤酒和尿布问题。

1. 关联规则定义

首先给出各项的集合 $I=\{I_1,I_2,\cdots,I_m\}$，关联规则是形如 $X{\to}Y$ 的蕴含式，其中 X、Y 属于 I，且 X 与 Y 的交集为空。

2. 指标定义

在关联规则挖掘中有 4 个重要指标。

1）置信度（Confidence）

定义：设 W 中支持物品集 A 的事务中有 $c\%$ 的事务同时也支持物品集 B，$c\%$ 称为关联规则 $A{\to}B$ 的置信度，即条件概率 $P(B|A)$。

实例说明：以上述的啤酒和尿布问题为例，置信度就回答了这样一个问题——如果一个顾客购买啤酒，那么他也购买尿布的可能性有多大呢？在上述例子中，购买啤酒的顾客中有 50% 的顾客购买了尿布，所以置信度是 50%。

2）支持度（Support）

定义：设 W 中有 $s\%$ 的事务同时支持物品集 A 和 B，$s\%$ 称为关联规则 $A{\to}B$ 的支持度。支持度描述了 A 和 B 这两个物品集的交集 C 在所有事务中出现的概率，即 $P(A{\cap}B)$。

实例说明：某天，共有 100 个顾客到商场购买物品，其中有 15 个顾客同时购买了啤酒和尿布，那么上述关联规则的支持度就是 15%。

3）期望置信度（Expected Confidence）

定义：设 W 中有 $e\%$ 的事务支持物品集 B，$e\%$ 称为关联规则 $A{\to}B$ 的期望置信度。期望置信度是指单纯的物品集 B 在所有事务中出现的概率，即 $P(B)$。

实例说明：如果某天共有 100 个顾客到商场购买物品，其中有 25 个顾客购买了尿布，则上述关联规则的期望置信度就是 25%。

4）提升度（Lift）

定义：提升度是置信度与期望置信度的比值，反映了"物品集 A 的出现"对物品集 B 的出现概率造成了多大的影响。

实例说明：上述实例中，置信度为 50%，期望置信度为 25%，则上述关联规则的提升度为 2(50%/25%)。

3. 关联规则挖掘定义

给定一个交易数据集 T，找出其中所有支持度大于等于最小支持度、置信度大于等于最小置信度的关联规则。

有一个简单的方法可以找出所需要的规则，即穷举项集的所有组合，并测试每个组合是否满足条件。一个元素个数为 n 的项集的组合个数为 2^{n-1}（除去空集），所需要的时间复杂度明显为 $o(2^n)$。对于普通的超市，其商品的项集数在 1 万以上，用指数时间复杂度的算法不能在可接受的时间内解决问题。怎样快速挖掘出满足条件的关联规则是关联挖掘需要解决的主要问题。

仔细想一下，我们会发现对于 {啤酒→尿布}、{尿布→啤酒} 这两个关联规则的支持度实际上只需要计算 {尿布，啤酒} 的支持度，即它们交集的支持度。于是我们把关联规则挖掘分如下两步进行。

（1）生成频繁项集：这一阶段找出所有满足最小支持度的项集，找出的这些项集称为频繁项集。

（2）生成强规则：在上一步产生的频繁项集的基础上生成满足最小置信度的规则，产生的规则称为强规则。

4.3.2 Apriori 算法

Apriori 算法用于找出数据中频繁出现的数据集。为了减少频繁项集的生成时间，可尽早消除一些完全不可能是频繁项集的集合。

在使用关联规则分析解决实际问题时，需要有足够多的历史数据以供挖掘潜在的关联规则，然后使用这些规则进行预测。本节通过分析演员关系的案例介绍关联规则分析的应用。

案例：已知 Excel 文件"电影导演演员.xlsx"中包含一些演员参演电影的信息，其中部分内容如图 4-6 所示，要求根据这些信息查找关系较好的演员二人组合（也就是 2-频繁项集），以及演员之间存在的关联。

	A	B	C
	电影名称	导演	演员
	流浪地球	郭帆	吴京，吴孟达，李光洁，欧豪
	战狼	吴京	吴京，余男，倪大红，刘毅
	金刚川	郭帆	张译，吴京，魏晨，欧豪
	建国大业	韩三平	唐国强，陈坤，张国立，刘劲
	我和我的祖国	陈凯歌	张译，杜江，吴京，欧豪
	八佰	管虎	张译，欧豪，魏晨，李晨
	战狼2	吴京	吴京，吴刚，余男，刘毅
	建党伟业	韩三平	唐国强，冯远征，陈坤，马少骅
	长津湖	陈凯歌	吴京，李晨，韩东君，倪大红
	中国机长	刘伟强	张涵予，欧豪，杜江，袁泉
	红海行动	林超贤	张译，杜江，张涵予，任达华
	悬崖之上	张艺谋	张译，朱亚红，倪大红，余皑磊
	中国医生	刘伟强	张涵予，袁泉，朱亚文，李晨
	集结号	冯小刚	张涵予，廖凡，李晨，朱亚文

图 4-6 电影演员数据

例 4_4_Apriori.py

（1）加载数据，返回包含若干集合的列表。

```
def loadDataSet():
    '''加载数据,返回包含若干集合的列表'''
    #返回的数据格式为 [{1, 3, 4}, {2, 3, 5}, {1, 2, 3, 5}, {2, 5}]
    result = []
    ws = load_workbook('电影导演演员.xlsx').worksheets[0]
    for index, row in enumerate(ws.rows):
        #跳过第一行表头
        if index==0:
            continue
        result.append(set(row[2].value.split(',')))
    return result
def  createC1(dataSet):
    return sorted(map(lambda i:(i,), set(chain(* dataSet))))
```

（2）挖掘频繁 k 项集。

```
def scanD(dataSet,Ck, L k,minSupport):
    total = len(dataSet)
    supportData = {}
    for candidate in Ck:
        #加速,k-频繁项集的所有k-1子集都应该是频繁项集
        if Lk and (notall(map(lambda item: item in Lk,
                                        combinations(candidate,
                                                len(candidate)- 1)))):
            continue
            set_candidate = set(candidate)
        frequencies = sum(map(lambda item: set_candidate<=item,
                            dataSet))
        t = frequencies/total
        #大于等于最小支持度,保留该项集及其支持度
        if t >=minSupport:
            supportData[candidate] = t
    return supportData
```

（3）根据 k 项集生成 $k+1$ 项集。

```
def aprioriGen(Lk, k):
    '''根据 k 项集生成 k+1 项集'''
    result = []
    for index, item1 in enumerate(Lk):
        for item2 in Lk[index+1:]:
            if sorted(item1[:k- 2]) == sorted(item2[:k- 2]):
                result. append(tuple(set(item1)|set(item2)))
    return result
```

（4）根据给定数据集 dataSet，返回所有支持度大于等于 minSupport（最小支持度）的频繁项集。

```
def apriori(dataSet, minSupport=0. 5):
    C1 = createC1(dataSet)
    supportData = scanD(dataSet, C1, None, minSupport)
    k = 2
    while True:
        #获取满足最小支持度的 k 项集
        Lk = [key for key in supportData if len(key)==k- 1]
        #合并生成 k+1 项集
        Ck = aprioriGen(Lk, k)
        #筛选满足最小支持度的 k+1 项集
```

```
        supK = scanD(dataSet,C k, Lk,minSupport)
        #无法再生成包含更多项的项集,算法结束
        if not supK:
            break
        supportData. update(supK)
        k = k+1
    return supportData
```

（5）查找满足最小置信度的关联规则。

```
def findRules(supportData, minConfidence=0. 5):
    supportDataL = sorted(supportData. items(),
                          key=lambda item:len(item[0]),
                          reverse=True)
    rules = []
    for index, pre in enumerate(supportDataL):
        for aft in supportDataL[index+1:]:
            #只查找 k-1 项集到 k 项集的关联规则
            if len(aft[0]) < len(pre[0])- 1:
                break
            #当前项集 aft[0]是 pre[0]的子集
            #且 aft[0]==>pre[0]的置信度大于等于最小置信度阈值
            if set(aft[0])<set(pre[0]) and \
                pre[1]/aft[1]>=minConfidence:
                    rules. append([pre[0],aft[0]])
    return rules
```

（6）测试结果。

```
#加载数据
dataSet = loadDataSet()
#获取所有支持度大于0. 2 的项集
supportData = apriori(dataSet, 0. 2)
#在所有频繁项集中查找并输出关系较好的演员二人组合
bestPair = [item for item in supportData if len(item)==2]
print(bestPair)
#查找支持度大于0. 6 的强关联规则
for item in findRules(supportData, 0. 6):
    pre, aft =map(set, item)
    print(aft, pre- aft,sep=' ==>' )
```

执行结果如下：

```
[('吴京','欧豪'),('张译','欧豪')]
{'欧豪'}==>{'吴京'}
```

{'张译'}==>{'欧豪'}

{'欧豪'}==>{'张译'}

4.3.3 FP-Tree 算法

FP-Tree 算法同样用于挖掘频繁项集。其中引入了三部分内容来存储临时数据结构。首先是项头表，记录所有频繁 1-项集（支持度大于最小支持度的 1-项集）的出现次数，并按照次数进行降序排列。其次是 FP 树，将原始数据映射到内存，以树的形式存储。最后是节点链表，所有项头表里的频繁 1-项集都是一个节点链表的头，它依次指向 FP 树中该频繁1-项集出现的位置，将 FP 树中所有出现相同项的节点串联起来。

FP-Tree 算法首先需要建立降序排列的项头表，然后根据项头表中节点的排列顺序对原始数据集中每条数据的节点进行排序并剔除非频繁项，得到排序后的数据集。具体过程如图 4-7 所示。

数据	项头表		排序后的数据
	支持度大于20%		
ABCEFO	A:8		ACEBF
ACG	C:8		ACG
EI	E:8		E
ACDEG	G:5		ACEGD
ACEGL	B:2		ACEG
EJ	D:2		E
ABCEFP	F:2		ACEBF
ACD			ACD
ACEGM			ACEG
ACEGN			ACEG

图 4-7 项头表及排序后的数据集

建立项头表并得到排序后的数据集后，建立 FP 树。FP 树的每个节点由项和次数两部分组成。逐条扫描数据集，将其插入 FP 树，插入规则为：每条数据中排名靠后的作为前一个节点的子节点，如果有公用的祖先，则对应的公用祖先节点计数加 1。插入后，如果有新节点出现，则项头表对应的节点会通过节点链表链接上新节点。所有的数据都插入 FP 树后，FP 树的建立完成。图 4-8 展示了向 FP 树中插入第二条数据的过程，图 4-9 所示为构建好的 FP 树。

得到 FP 树后，可以挖掘所有的频繁项集。从项头表底部开始，找到以该节点为叶子节

ABCEFO

ACG

EI

ACDEG

ACEGL

EJ

ABCEFP

ACD

ACEGM

ACEGN

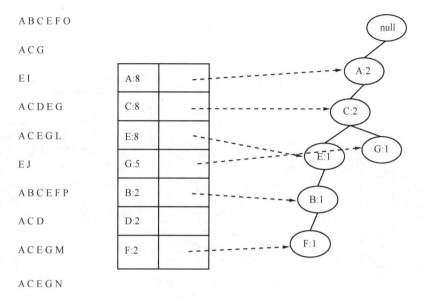

图 4-8 向 FP 树中插入第二条数据的过程

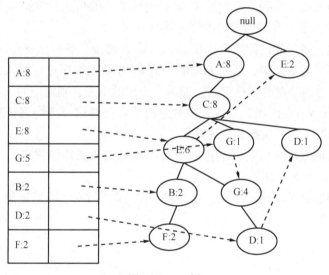

图 4-9 FP 树

点的子树，可以得到其条件模式基。基于条件模式基，可以递归发现所有包含该节点的频繁项集。以 D 节点为例，挖掘过程如图 4-10 所示。D 节点有两个叶子节点，因此首先得到的 FP 子树如图 4-10 左侧所示，接着将所有的祖先节点计数设置为叶子节点的计数，即变成 {A:2,C:2,E:1,G:1,D:1,D:1}。此时 E 节点和 G 节点由于在条件模式基里面的支持度低于阈值而被删除了。最终在去除低支持度节点并不包括叶子节点后，D 节点的条件模式基为 {A:2,C:2}，如图 4-10 所示。通过它，我们很容易得到 D 节点的频繁 2-项集为 {A:2,D:2} 和 {C:2,D:2}。递归合并频繁 2-项集，得到频繁 3-项集为 {A:2,C:2,D:2}。D 节点对应的最大频繁项集为频繁 3-项集。

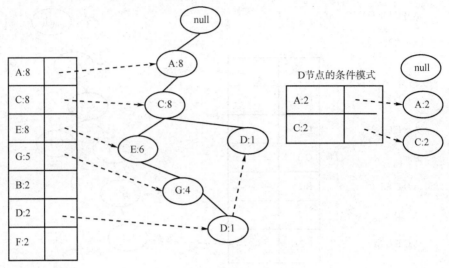

图4-10　频繁项集挖掘过程

算法具体流程如下：

（1）首先扫描数据，得到所有频繁1-项集的计数。然后删除支持度低于阈值的项，将频繁1-项集放入项头表，并按照支持度降序排列。

（2）扫描数据，将读到的原始数据剔除非频繁1-项集，并按照支持度降序排列。

（3）读入排序后的数据集，插入FP树。按照排序后的顺序进行插入，排序靠前的节点是祖先节点，而靠后的节点是子孙节点。如果有公用的祖先，则对应的公用祖先节点计数加1。插入后，如果有新节点出现，则项头表对应的节点会通过节点链表链接上新节点。所有的数据都插入FP树后，FP树的建立完成。

（4）从项头表的底部项依次向上找创项头表项对应的条件模式基、从条件模式基递归挖掘得到项头表项的频繁项集。

（5）如果不限制频繁项集的项数，则返回步骤（4）所有的频繁项集，否则只返回满足项数要求的频繁项集。

4.4　聚类分析

俗话说"物以类聚，人以群分"，聚类分析是将物理或抽象对象的集合分组为由类似的对象组成的多个类的分析过程，它是一种重要的人类行为。

4.4.1　聚类分析基本概念

1. 机器学习方法

机器学习是利用既有的经验，完成某种既定任务，并在此过程中不断改善自身性能。通常按照机器学习的任务，将其分为有监督的学习和无监督的学习两大类方法。

在监督学习中，训练样本包含目标值，学习算法根据目标值学习预测模型。无监督的学习倾向于对事物本身特性的分析。聚类分析属于无监督学习，训练样本的标签信息未知，通过对无标签样本的学习揭示数据内在的性质及规律，这个规律通常是样本间相似性的规律。

2. 聚类分析

聚类分析是根据数据样本自身的特征，将数据集合划分成不同类别的过程，把一组数据按照相似性和差异性分为几个类别，其目的是使属于同一类别的数据间的相似性尽可能强，不同类别中的数据的相似性尽可能弱。聚类试图将数据集样本划分为若干个不相交的子集，每个子集称为一个"簇"（Cluster），这样划分出来的子集可能有一些潜在规律和语义信息，但是其规律是事先未知的，概念语义和潜在规律是在得到类别后分析得到的。

聚类分析中的"聚类要求"有以下两条：

（1）每个分组内部的数据具有比较大的相似性。

（2）组间的数据具有较大的差异性。

聚类分析的方法有很多种，由于它们衡量数据点远近的标准不同，具体可以分为以下三类：

（1）基于划分的聚类：把相似的数据样本划分到同一个类别，不相似的数据样本划分到不同的类别。这是聚类分析中最为简单、常用的算法。

（2）基于层次的聚类：不需要事先指定类簇的个数，根据数据样本之间的相互关系，构建类簇之间在不同表示粒度上的层次关系。

（3）基于密度的聚类：假设类簇是由样本点分布的紧密程度决定的，同一类簇中的样本连接更紧密。该算法可以发现不规则形状的类簇，最大的优势在于对噪声数据的处理上。

4.4.2 划分聚类方法

1. K-means 算法原理

K-means 算法是一种典型的基于划分的聚类算法。划分法的目的是将数据聚为若干簇，簇内的点都足够近，簇间的点都足够远。通过计算数据集中样本之间的距离，根据距离的远近将其划分为多个簇。K-means 首先需要假定划分的簇数 k，然后从数据集中任意选择 k 个样本作为该簇的中心。具体算法如下：

（1）从 n 个数据对象中任意选择 k 个对象作为初始聚类中心。

（2）计算在聚类中心之外的每个剩余对象与中心对象之间的距离，并根据最小距离重新对相应对象进行划分。

（3）重新计算每个"有变化的聚类"的中心，确定"新的聚类中心"。

（4）迭代第（2）和第（3）步，当每个聚类不再发生变化或小于指定阈值时，停止计算。

2. K-means 算法案例

扩展库 sklearn.cluster 中的 K-means 类实现了 K-means 算法，其构造方法的语法格式如下：

```
def __init__(self,n_clusters=8,init=' k-means++' ,n_init=10,max_iter=300,tol=1e-4,precompute_distances='auto' ,verbose=0,random_state=None,copy_x=True,n_jobs=1)
```

常用参数如表4-3所示，常用方法如表4-4所示。

表4-3　K-means类常用参数

参数名	说明
n_clusters	要分成的簇数也是要生成的中心数，整数型（int），默认值为8
init	初始化的方法。'k-means++'：选择相互距离尽可能远的初始聚类中心来加速算法的收敛过程，'random'：随机选择数据作为初始的聚类中心
n_init	设置K-means算法使用不同的中心种子运行的次数，默认值为10
max_iter	设置K-means算法单次运行的最大迭代次数，默认值为300
tol	容忍的最小误差，当误差小于tol就会退出迭代
precompute_distances	参数会在空间和时间之间做权衡。'auto'：默认值，数据样本大于featurs * samples的数量大于1 200万则不预计算距离；True：总是预计算距离；False：永不预计算距离
verbose	是否输出详细信息，默认值False
random_state	随机生成器的种子，和初始化中心有关，默认值None
copy_x	是否对输入数据继续copy操作，默认值True
n_jobs	使用进程的数量，与计算机的CPU有关，默认值1

表4-4　K-means类常用方法

方法	功能
fit(self, X, y = None)	计算K-means聚类，其中参数X为训练数据，参数y可以不提供
fit_predict(self, X, y = None)	计算聚类中心并预测每个样本的聚类索引
fit_transform(self, X, y = None)	计算聚类并把X转换到聚类距离空间
predice(self, X)	预测X中每个样本所属的最近聚类
score(self, X, y = None)	模型评分

下面是用代码演示sklearn. cluster中K-means算法的基本步骤。例4_5将给定的数据运用K-means算法进行聚类分析，将样本分成三类。

例4_5_K-means. py

二维码4-3　K-means划分聚类

```
from numpy import array
from random importandrange
from sklearn. cluster import K- means
#原始数据
X =array([[1,2,1,1,1,3,1], [2,2,2,2,2,2,3], [3,1,3,3,3,3,3],
         [3,2,2,2,1,2,1], [3,3,3,2,2,1,1], [5,2,40,3,33,2,71]])
#训练模型,选择三个样本作为中心,把所有样本划分为三个类
K- meansPredicter = K- means(n_clusters=3). fit(X)
```

```
print(' 原始数据:\n', X)
#原始数据每个样本所属的类别标签
category =K- meansPredicter. labels_
print(' 聚类结果:', category)
print(' 聚类中心:\n', K- meansPredicter. cluster_centers_)
def predict(element):
    result =K- meansPredicter. predict(element)
    print(' 预测结果:', result)
    print(' 相似元素:\n', X[category = =result])
#测试
predict([[3,3,1,2,1,3,1]])
predict([[6,2,30,2,22,6,50]])
```

运行结果如下:

```
原始数据:
[[1  2  1  1  1  3  1]
 [2  2  2  2  2  2  3]
 [3  1  3  3  3  3  3]
 [3  2  2  2  1  2  1]
 [3  3  3  2  2  1  1]
 [5  2  40  3  33  2  7  1]]
聚类结果:[2 0 0 2 2 1]
聚类中心:
[[ 2.5         1.5      2.5      2.5         2.5      2.5    3.]
 [ 5.          2.       40.      3.          33.      2.     71.]
 [2.33333333  2.33333333  2  1.66666667  1.33333333  2.     1.]]
预测结果:[2]
相似元素:
[[1  2  1  1  1  3  1]
 [3  2  2  2  1  2  1]
 [3  3  3  2  2  1  1]]
预测结果:[1]
相似元素:
[[5  2  40  3  33  2  71]]
```

4.4.3 层次聚类方法

1. AGNES 算法原理

AGNES 是一种单连接凝聚层次聚类方法,采用自底向上的方法,先将每个样本看成一个簇,然后每次对距离最短的两个簇进行合并,不断重复,直到达到预设的聚类簇个数。

使用 AGNES 算法对下面数据集进行聚类，以单连接计算簇间的距离。刚开始共有 5 个簇：$C_1 = \{A\}, C_2 = \{B\}, C_3 = \{C\}, C_4 = \{D\}, C_5 = \{E\}$。初始簇间的距离如表 4-5 所示。

表 4-5　初始簇间的距离

样本点	A	B	C	D	E
A	0	0.3	2.1	2.5	3.2
B	0.3	0	1.7	2	2.4
C	2.1	1.7	0	0.6	0.8
D	2.5	2	0.6	0	1
E	3.2	2.4	0.8	1	0

第 1 步，簇 C_1 和簇 C_2 的距离最近，将两者合并，得到新的簇结构：$C_1 = \{A, B\}, C_2 = \{C\}, C_3 = \{D\}, C_4 = \{E\}$。合并后的簇间距离如表 4-6 所示。

表 4-6　第 1 步合并后簇间距离

样本点	AB	C	D	E
样本点	AB	C	D	E
AB	0	1.7	2	2.4
C	1.7	0	0.6	0.8
D	2	0.6	0	1
E	2.4	0.8	1	0

第 2 步，接下来簇 C_2 和簇 C_3 的距离最近，将两者合并，得到新的簇结构：$C_1 = \{A, B\}, C_2 = \{C, D\}, C_3 = \{E\}$。合并后的簇间距离如表 4-7 所示。

表 4-7　第 2 步合并后簇间距离

样本点	AB	CD	E
样本点	AB	CD	E
AB	0	1.7	2.4
CD	1.7	0	0.8
E	2.4	0.8	0

第 3 步，接下来簇 C_2 和簇 C_3 的距离最近，将两者合并，得到新的簇结构：$C_1 = \{A, B\}, C_2 = \{C, D, E\}$。合并后的簇间距离如表 4-8 所示。

表 4-8　第 3 步合并后簇间距离

样本点	AB	CD
样本点	AB	CD
AB	0	1.7

续表

样本点	AB	CD
CDE	1.7	0

第4步，最后簇 C_1 和簇 C_2 的距离最近，将两者合并，得到新的簇结构：$C_1 = \{A, B, C, D, E\}$。AGNES 聚类过程示意如图4-11所示。

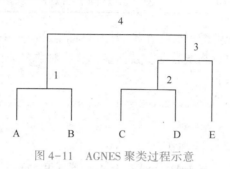

图4-11　AGNES 聚类过程示意

2. AGNES 算法案例

扩展库 sklearn.cluster 中提供了分层聚类算法 Agglomerative Clustering，其构造方法的语法格式如下：

def__init__(self,n_clusters=2,affinity=' euclidean' ,memory=None,connectivity=None,compute_full_tree=' auto' ,linkage=' ward' ,pooling_func=<function mean>)

常用参数如表4-9所示，常用方法如表4-10所示。

表4-9　Agglomerative Clustering 类常用参数

参数名	说明
n_clusters	指定分类簇的数量，整数
affinity	一个字符串或者可调用对象，用于计算距离。可以为：' euclidean' 、' 11' 、' 12' 、' mantattan' 、' cosine' 、' precomputed' ，如果 linkage = ' ward' ，则 affinity 必须为' euclidean'
memory	用于缓存输出的结果，默认为不缓存
connectivity	一个数组或者可调用对象或者 None，用于指定连接矩阵
compute_full_tree	当训练了 n_clusters 后，训练过程就会停止，但是如果 compute_full_tree=True，则会继续训练从而生成一棵完整的树
linkage	一个字符串，用于指定链接算法。' ward' ：单链接 single - linkage，采用 dmindmin；' complete' ：全链接 complete - linkage 算法，采用 dmaxdmax；' average' ：均连接 average - linkage 算法，采用 davgdavg
pooling_func	一个可调用对象，它的输入是一组特征的值，输出是一个数

表 4-10 Agglomerative Clustering 类常用方法

方法	功能
fit(self, X, y = None)	对数据进行拟合
get_params(self, deep = True)	返回估计器的参数
set_params(self, * * params)	设置估计器的参数
fit_predice(self, X, y = None)	对数据进行聚类并返回聚类后的标签

下面用代码演示分层聚类的用法，在扩展库 sklearn.cluster 中的函数 make_blobs() 生成符合各向同性高斯分布的散点测试数据及其标签，然后对数据进行聚类和可视化。其中函数 make_blobs() 的语法格式如下：

make_blobs(n_samples = 100,n_features = 2,centers = None,cluster_std = 1.0,center_box = (-10.0,10.0),shuffle = True,random_state = None)

make_blobs() 参数如表 4-11 所示。

表 4-11 make_ blobs() 类常用参数

参数名	说明
n_samples	总样本数
n_features	样本点的维度
centers	样本中心数。样本数为 int 且 centers = None，生成三个样本中心，样本数为数组，centers 为 None 或者为数组的长度
cluster_std	簇的标准差
center_box	中心确定之后的数据边界，默认值(-10.0,10.0)
shuffle	是否将样本打乱
random_state	指定随机数种子

下面是用代码演示 sklearn.cluster 中 Agglomerative Clustering 聚类算法的基本步骤。例 4_6 随机生成 300 个点，运用层次聚类的算法分别实现聚为 3 类和聚为 4 类的数据分析。

例 4_6_Agglomerative Clustering.py

```
import numpy as np
import matplotlib. pyplot as plt
from sklearn. datasets import make_blobs
from sklearn. cluster import AgglomerativeClustering
def AgglomerativeTest(n_clusters):
    assert 1 <=n_clusters <= 4
    predictResult = AgglomerativeClustering(n_clusters = n_clusters, affinity = ' euclidean' ,
                                          linkage = ' ward' ). fit_predict(data)
    #定义绘制散点图时使用的颜色和散点符号
    colors = ' rgby'
    markers = ' o*  v+'
    #依次使用不同的颜色和符号绘制每个类的散点图
```

```
        fori in range(n_clusters):
            subData = data[predictResult==i]
            plt. scatter(subData[:,0], subData[:,1], c=colors[i], marker=markers[i], s=40)
        plt. show()
#生成随机数据,300个点,分成4类,返回样本及标签
data, labels =make_blobs(n_samples=300, centers=4)
print(data)
AgglomerativeTest(3)
AgglomerativeTest(4)
```

运行结果聚为3类的如图4-12所示，聚为4类的如图4-13所示。

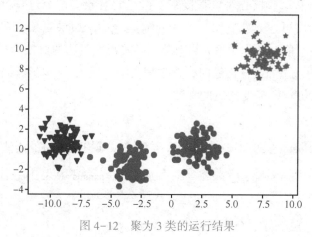

图4-12 聚为3类的运行结果

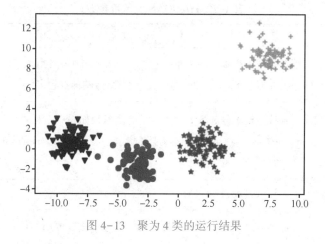

图4-13 聚为4类的运行结果

4.4.4 基于密度的聚类方法

1. DBSCAN 算法原理

具有噪声的基于密度的聚类算法 DBSCAN(Density-Based Spatial Clustering of Applications with Noise）是 1996 年提出的一种基于密度空间的数据聚类算法。该算法将具有足够密度的区域划分为簇，并在具有噪声的空间数据库中发现任意形状的簇，它将簇定义为密度相连的点的最大集合。

该算法将具有足够密度的点作为聚类中心，即核心点，不断对区域进行扩展。该算法利用基于密度的聚类的概念，即要求聚类空间的一定区域内所包含对象（点或其他空间对象）的数目不小于某一给定阈值。

DBSCAN 算法的实现过程如下：

（1）通过检查数据集中每点的 Eps 邻域（半径 Eps 内的邻域）来搜索簇，如果点 p 的 Eps 邻域包含的点多于 MinPts 个，则创建一个以 p 为核心对象的簇。

（2）迭代地聚集从这些核心对象直接密度可达的对象，这个过程可能涉及一些密度可达簇的合并（直接密度可达是指：给定一个对象集合 D，如果对象 p 在对象 q 的 Eps 邻域内，而 q 是一个核心对象，则称对象 p 为对象 q 直接密度可达的对象）。

（3）当没有新的点添加到任何簇时，该过程结束。

其中，Eps 和 MinPts 即需要指定的参数。

2. DBSCAN 算法案例

扩展库 sklearn. cluster 实现了 DBSCAN 聚类算法，其构造方法的语法格式如下：

def__init__(self,eps=0. 5,min_samples=5,metric=' euclidean' ,metric_params=None,algorithm=' auto' ,leaf_size=30,p=None,n_jobs=1)

常用参数如表 4-12 所示，常用方法如表 4-13 所示。

表 4-12　DBSCAN 类常用参数

参数名	说明
eps	用来设置邻域内样本之间的最大距离，如果两个样本之间的距离小于 eps，则认为属于同一个领域。参数 eps 的值越大，聚类覆盖的样本越多
min_samples	用来设置核心样本的邻域内样本数量的阈值，如果一个样本的 eps 邻域内样本数量超过 min_samples，则认为该样本为核心样本。参数 min_samples 的值越大，核心样本越少，噪声越多
metric	最近邻距离度量参数
algorithm	用来计算样本之间的距离和寻找最近样本的算法，可用的值有' auto' 、' ball_ tree' 、' kd_tree' 或' brute'
leaf_size	传递给 BallTree 或 cKDTree 的叶子大小，会影响树的构造和查询速度以及占用内存的大小
p	用来设置使用闵科夫斯基距离公式计算样本距离时的幂

表 4-13　DBSCAN 类常用方法

方法	功能
$fit(self, X, y=None, sample\_weight=None)$	对数据进行拟合，如果构造 DBSCAN 聚类器时设置了 metric=' precomputed'，则要求参数 X 为样本之间的距离数组
$fit\_predict(self,\ X,\ y=None,\ sample\_weight=None)$	对 X 进行聚类并返回聚类标签

我们选用 iris 数据库（鸢尾花数据集）进行 DBSCAN 聚类算法的研究，提取 iris 中的 4 个属性值，采用 sklearn. cluster 中的 DBSCAN 方法构造聚类器，邻域参数设置（0.4, 9）。采用鸢尾花数据集进行 DBSCAN 聚类模型训练以及对最终聚类结果的展示，代码如下所示。

例 4_7_DBSCAN. py

```
import matplotlib. pyplot as plt
import numpy as np
from sklearn. datasets import load_iris
fromsklearn. cluster import DBSCAN
X = load_iris() . data
dbscan = DBSCAN(eps=0. 4, min_samples=9)
dbscan. fit(X)
label_pred = dbscan. labels_
x0 =X[label_pred == 0]
x1 =X[label_pred == 1]
x2 =X[label_pred == 2]
plt. scatter(x0[:, 2], x0[:, 3], c="red", marker=' o' , label=' label0' )
plt. scatter(x1[:, 2], x1[:, 3], c="green", marker=' * ' , label=' label1' )
plt. scatter(x2[:, 2], x2[:, 3], c="blue", marker=' +' , label=' label2' )
plt. legend(loc=2)
plt. show()
```

运行结果如图 4-14 所示。

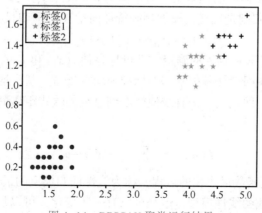

图 4-14　DBSCAN 聚类运行结果

4.5 回归分析

回归分析是一种预测性的建模分析技术，它通过样本数据学习目标变量和自变量之间的因果关系，建立数学表示模型，基于新的自变量，此模型可预测相应的目标变量。

4.5.1 回归分析基本概念

回归分析是以找出变量之间的函数关系为主要目的的一种统计分析方法。需要注意的是，函数关系和相关关系是两个不同的概念。

（1）在函数关系 $y = f(x)$ 中，自变量（解释变量）x 和因变量（被解释变量）y 之间必须存在以下关系：如果 x 确定一个值，y 就有唯一的一个值与 x 对应。

（2）如果一个 x 值对应多个 y 值，不能称之为函数关系，只能认为 x 和 y 之间存在相关关系。

换句话说，回归分析就是对具有相关关系的两个或两个以上变量之间数量变化的一般关系进行测定，确立一个相应的数学表达式，以便从一个已知量来推测另一个未知量，为估算预测提供一个重要方法。常用的回归方法有线性回归、逻辑回归和多项式回归。

4.5.2 线性回归

1. 线性回归（Linear Regression）算法原理

线性回归是一种用来对若干输入变量与一个连续的结果变量之间关系建模的分析技术，其假设输入变量与结果变量之间的关系是一种线性关系。线性回归模型的任务是通过基于变量的数值，解释并预测因变量。如果只考虑一个自变量的情况，则线性回归的目标就是寻找一条直线，使得给定一个自变量值可以计算出因变量的值。

线性回归问题中预测目标是实数域上的数值，优化目标简单，是最小化预测结果与真实值之间的差异。样本数量为 m 的样本集，特征向量 $X = \{x_1, x_2, \cdots, x_m\}$，对应的回归目标 $y = \{y_1, y_2, \cdots, y_m\}$。线性回归则是用线性模型刻画特征向量 X 与回归目标 y 之间的关系：

$$f(\boldsymbol{x}_i) = w_1 x_{i1} + w_2 x_{i2} + \cdots + w_n x_{in} + b \tag{4-11}$$

使得 $f(\boldsymbol{x}_i) \cong y_i$，关于 $\boldsymbol{w}$ 和 b 的确定，其目标是使 $f(\boldsymbol{x}_i)$ 和 y_i 的差别尽可能小。如何衡量两者之间的差别呢？在回归任务中常用的标准为均方误差。基于均方误差最小化的模型求解方法称为最小二乘法，即找到一条直线使样本到直线的欧式距离最小。基于此思想，损失函数 L 可以被定义为

$$L(\boldsymbol{w}, b) = \sum_{i=1}^{m} (y_i - \boldsymbol{w}^{\mathrm{T}} \boldsymbol{x}_i - b)^2 \tag{4-12}$$

求解 $\boldsymbol{w}$、b 使得损失函数最小化的过程，称为线性回归模型的最小二乘"参数估计"。

以上则为最简单形式的线性模型，但是可以有一些变化，可以加入一个可微函数 g，使得 y 和 $f(\boldsymbol{x})$ 之间存在非线性关系，形式如下：

$$y_i = g^{-1}(\boldsymbol{w}^{\mathrm{T}}\boldsymbol{x}_i + b)$$ 　　　　　　　　　(4-13)

这样的模型被称为广义线性模型，函数 g 被称为联系函数。

2. 线性回归（Linear Regression）算法案例

使用扩展库 sklearn. linear_model 模块中拥有可以直接使用的线性回归模型（LinearRegression），只需要将数据集导入，然后放入模型进行训练。采用 Sklearn 进行多元回归模型的构建只需以下步骤：

（1）获取数据集：Sklearn 库的 datasets 包含 Boston 数据集，直接导入即可。

（2）构建多元回归模型：导入 LinearRegression，采用 cross_cal_predict 进行十折交叉验证并返回预测结果。

（3）预测结果与结果可视化：采用 matplotlib 绘制预测值与真实值的散点图，并使用 matplotlib. pyplot. show( )演示。

二维码 4-4　线性回归

例 4_8_LinearRegression. py

```
from sklearn. datasets import load_boston
from sklearn. model_selection import cross_val_predict
from sklearn import linear_model
import matplotlib. pyplot as plt
lr = linear_model. LinearRegression()                          #导入线性回归
y = load_boston(). target                                      #导入 Boston 的回归值
# predicted 返回预测结果
predicted = cross_val_predict(lr, load_boston(). data, y, cv=10)   #十折交叉验证
fig, ax = plt. subplots()
ax. scatter(y, predicted, edgecolors=(0, 0, 0))
ax. plot([y. min(), y. max()], [y. min(), y. max()], ' k- ', lw=3)
ax. set_xlabel(' Measured' )
ax. set_ylabel(' Predicted' )
plt. show()
```

运行结果如图 4-15 所示。

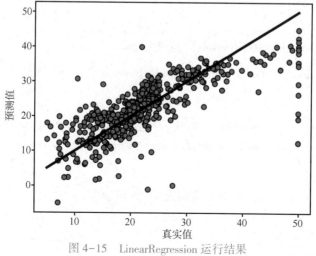

图 4-15　LinearRegression 运行结果

4.5.3 逻辑回归

1. 逻辑回归（Logistic Regression）算法原理

线性回归模型的先决条件是所有的变量都是连续变量，随着自变量 x 的增加，因变量 y 也会增加。假设需要预测普通的中产阶级是否买得起房的问题，在这种情况下因变量是离散的，因变量只有买得起和买不起两个值。那么采用 Logistic 回归就可以用来基于自变量预测因变量的可能性，所以逻辑回归本身并不是回归算法而是分类算法。

逻辑回归基于逻辑函数 $f(x)$，如式（4-14）所示。

$$f(y) = \frac{e^y}{1 + e^y}, -\infty < y < +\infty \tag{4-14}$$

当 $y \to \infty$ 时，$f(y) \to 1$，当 $y \to -\infty$ 时，$f(y) \to 0$，逻辑函数 $f(y)$ 的值随着 y 值增大而增大，且在 0~1 之间变化。

因为逻辑函数 $f(y)$ 的取值范围是 $(0,1)$，所以可以用来作为某一特定结果的概率值，随着 y 值的增加，$f(y)$ 值代表的概率也会增加。在逻辑回归中，我们令 y 表示因变量的一个线性函数：

$$y_i = w_0 + w_1 x_1 + w_2 x_2 + \cdots + w_n x_n \tag{4-15}$$

而基于自变量 $x_1, x_2, \cdots, x_n$，事件发生的概率 p 为

$$p(x_1, x_2, \cdots, x_d) = f(y) = \frac{e^y}{1 + e^y} \tag{4-16}$$

线性回归中 y 代表因变量，而在逻辑回归中 $f(y)$ 代表因变量（通常只取 0 或 1），y 只是作为一个中间结果，不能被直接观察到。若用 p 表示 $f(y)$，则公式可重写为

$$\ln\left(\frac{p}{1-p}\right) = y = w_0 + w_1 x_1 + w_2 x_2 + \cdots + w_n x_n \tag{4-17}$$

通过这种方式将其由非线性转换为线性，然后计算出最优的 $w_0, w_1, \cdots, w_n$，得到逻辑回归模型。

2. 逻辑回归（Logistic Regression）算法案例

扩展库 sklearn. linear_ model 中的 LogisticRegression 类实现了逻辑回归算法，其构造方法的语法格式如下：

```
def__init__(self,penalty='l2',dual=False,tol=0.0001,C=1.0,fit_intercept=True,intercept_scaling=1,class_weight=None,random_state=None,solver='warn',max_iter=100,multi_class='warn',verbose=0,warm_start=False,n_jobs=None)
```

常用参数如表 4-14 所示，常用方法如表 4-15 所示。

表 4-14 LogisticRegression 类常用参数

参数名	说明
penalty	用来指定惩罚时的范数，默认为'l2'，也可以为'l1'，但求解器'newton-cg'、'sag' 和'lbfgs'只支持'l2'
C	用来指定正则化强度的逆，必须为正实数，值越小表示正则化强度越大（这一点和支持向量机类似），默认值为 1.0
solver	用来指定优化时使用的算法，该参数可用的值有'newton-cg'、'lbfgs'、'liblinear'、'sag'、'saga'，默认值为'liblinear'
multi_class	取值可以为'ovr'或'multinomial'，默认值为'ovr'。如果设置为'ovr'，对于每个标签拟合二分类问题，否则在整个概率分布中使用多项式损失进行拟合，该参数不适用于'liblinear'求解器
n_jobs	用来指定当参数 multi_class='ovr'时使用的 CPU 核的数量，值为-1 时表示使用所有的核

表 4-15 LogisticRegression 类常用方法

方法	功能
fit(self, X, y, sample_weight=None)	根据给定的训练数据对模型进行拟合
predict_log_proba (self, X)	对数概率估计，返回的估计值按分类的标签进行排序
predict_proba (self, X)	概率估计，返回的估计值按分类的标签进行排序
predict(self, X)	预测 X 中样本所属类的标签
score(self, X, y, sample_weight=None)	返回给定测试数据和实际标签匹配的平均准确率
densify(self)	把系数矩阵转换为密集数组格式
sparsify(self)	把系数矩阵转换为稀疏矩阵格式

下面是用代码演示 sklearn. linear_model 中的 LogisticRegression 回归算法的原理。例 4_9 运用数据集创建并训练逻辑回归模型进行数据测试。

例 4_9_LogisticRegression. py

```
import numpy as np
from sklearn. linear_model import LogisticRegression
import matplotlib. pyplot as plt
#构造测试数据
X =np. array([[i] for i in range(30)])
y =np. array([0]* 15+[1]* 15)
#人为修改部分样本的值
y[np. random. randint(0,15,3)] = 1
y[np. random. randint(15,30,4)] = 0
y[np. random. randint(15,30,4)] = 0
print(y[:15])
print(y[15:])
```

```
#根据原始数据绘制散点图
plt. scatter(X, y)
#创建并训练逻辑回归模型
reg  =LogisticRegression(' l2' , C=3. 0)
reg. fit(X, y)
#对未知数据进行预测
print(reg. predict([[5], [19]]))
#未知数据属于某个类别的概率
print(reg. predict_proba([[5], [19]]))
#对原始观察点进行预测
yy  = reg. predict(X)
#根据预测结果绘制折线图
plt. plot(X,yy)
plt. show()
```

运行结果如图 4-16 所示。

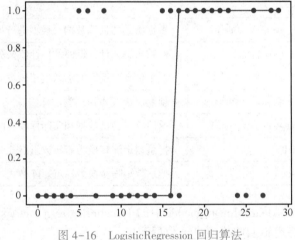

图 4-16　LogisticRegression 回归算法

4.5.4　多项式回归

1. 多项式回归（Polynomial Regression）算法原理

一般线性回归中，使用的假设函数是一元一次方程，也就是二维平面上的一条直线。但是很多时候可能会遇到直线方程无法很好地拟合数据的情况，这时可以尝试使用多项式回归。多项式回归中，加入了特征的更高次方（如平方项或立方项），也相当于增加了模型的自由度，用来捕获数据中非线性的变化。

在多项式回归中，最重要的参数是最高次方的次数。设最高次方的次数为 n，且只有一个特征时，其多项式回归的方程如式（4-18）所示。

$$\hat{y}=b_0+b_1x+b_2x^2+\cdots+b_nx^n \tag{4-18}$$

如果令 $x_0 = 1$，在多样本的情况下，可以写成向量化的形式：

$$\hat{y} = \boldsymbol{X} \cdot \boldsymbol{\theta} \tag{4-19}$$

式中，$\boldsymbol{X}$ 是大小为 $m \times (n+1)$ 的矩阵，$\boldsymbol{\theta}$ 是大小为 $(n+1) \times 1$ 的矩阵。在这里虽然只有一个特征 x 以及 x 的不同次方，但是也可以将 x 的高次方当作一个新特征。与多元回归分析唯一不同的是，这些特征之间是高度相关的，而不是通常要求的那样是相互对立的。

2. 多项式回归（Polynomial Regression）算法案例

扩展库 sklearn. preprocessing 中的 PolynomialRegression 类实现了多项式回归算法，其构造方法的语法格式如下：

```
def__init__(self,degree=2,* ,interaction_only=False,include_bias=True,order=' C' )
```

常用参数如表 4-16 所示，常用方法如表 4-17 所示。

表 4-16 PolynomialRegression 类常用参数

参数名	说明
degree	多项式阶数，默认为 2
interaction_only	默认是 false，如果值为 true，则会产生相互影响的特征集
include_bias	是否包含偏差标识，默认是 true
order	密集情况下输出数组的阶数，默认" C"," F" 计算速度更快，但可能会减慢后续估算器的速度

表 4-17 LogisticRegression 类常用方法

方法	功能
fit(X[, y])	计算输出特征的数量
fit_transform（X [, y] ）	适应数据，然后对其进行转换
get_feature_names（ [input_features] ）	返回输出要素的名称
get_params（ [deep] ）	获取此估计器的参数
set_params（ * * params)	设置此估计器的参数
transform(X)	将数据转换为多项式特征

下面是用代码演示 sklearn. preprocessing 中的 PolynomialRegression 回归算法的原理。例 4_10 分别将线性回归和多项式回归拟合到数据集，并用散点图呈现效果。

例 4_10_PolynomialRegression. py

```
#导入库和数据集
import numpy as np
import matplotlib. pyplot as plt
import pandas as pd
datas = pd. read_csv(' data. csv' )
#将数据集分为 2 个组件
X = datas. iloc[:, 1:2]. values
```

```
y = datas. iloc[:, 2]. values
#将线性回归拟合到数据集
from sklearn. linear_model import LinearRegression
lin = LinearRegression()
lin. fit(X, y)
#将多项式回归拟合到数据集
from sklearn. preprocessing import PolynomialFeatures
poly = PolynomialFeatures(degree = 4)
X_poly = poly. fit_transform(X)
poly. fit(X_poly, y)
lin2 = LinearRegression()
lin2. fit(X_poly, y)
#使用散点图可视化线性回归结果
plt. scatter(X,y,color = ' blue' )
plt. plot(X,lin. predict(X), color = ' red' )
plt. title(' Linear Regression' )
plt. xlabel(' Temperature' )
plt. ylabel(' Pressure' )
plt. show()
#使用散点图可视化多项式回归结果
plt. scatter(X, y, color = ' blue' )
plt. plot(X, lin2. predict(poly. fit_transform(X)), color = ' red' )
plt. title(' Polynomial Regression' )
plt. xlabel(' Temperature' )
plt. ylabel(' Pressure' )
plt. show()
```

运行结果如图 4-17 所示。

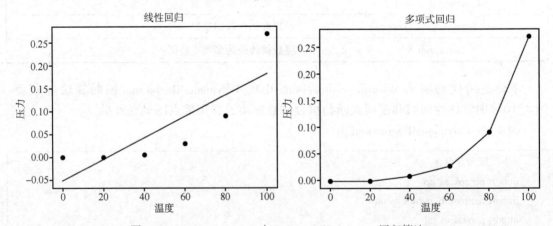

图 4-17　LinearRegression 与 PolynomialRegression 回归算法

课程思政小课堂

使用 Python 做数据分析的优点是什么?

最近几年,大数据的发展程度越来越明显,很多企业由于使用了大数据分析,朝着更好的方向发展,这就导致数据分析行业的人才开始稀缺起来,对于数据分析这个工作,是需要学会一些编程语言的,如 MATLAB、Python、Java 等语言。对于初学者来说,Python 是一个不错的语言,Python 语言简单易懂,同时对于大数据分析有很明显的帮助。

Python 在数据分析和交互、探索性计算以及数据可视化等方面都显得比较活跃,这就是使用 Python 进行数据分析的原因之一。Python 拥有 numpy、matplotlib、scikit-learn、pandas、ipython 等工具,在科学计算方面十分有优势,尤其是 pandas,在处理中型数据方面可以说有着无与伦比的优势,已经成为数据分析工具中的中流砥柱。

Python 也具有强大的编程能力,这种编程语言不同于 R 或者 MATLAB,Python 有一些非常强大的数据分析能力,并且还可以利用 Python 进行爬虫、写游戏以及自动化运维,Python 在这些领域中有着很广泛的应用,这些优点使得一种技术可以解决所有的业务服务问题,充分体现了 Python 有利于各个业务之间的融合。使用 Python 能够大大提高数据分析的效率。

Python 对于如今火热的人工智能也有一定的帮助,这是因为人工智能需要的是即时性,而 Python 是一种非常简洁的语言,同时有着丰富的数据库以及活跃的社区,这样就能够轻松提取数据,从而为人工智能提供优质的服务。

Python 语言得益于它的简单方便,使得其在大数据、数据分析以及人工智能方面都有十分明显的存在感。对于数据分析从业者以及想要进入数据分析行业的人来说,简单易学、容易上手是一个很大优势,所以,要做好数据分析,一定要学会 Python 语言。

← 思考与练习

1. 葡萄酒数据集 (wine. data) 搜集了法国不同产区葡萄酒的化学指标。建立决策树和 SVM 两种分类器模型,比较两种分类器在此数据集上的分类性能。

提示:每种分类器需要对参数进行尝试,找出此种分类算法的较优模型,再与其他分类器性能进行比较。

2. Iris (鸢尾花) 数据集记录了山鸢尾、变色鸢尾和弗吉尼亚鸢尾三个不同种类鸢尾花的特征数据,包括 4 个特征项:花萼长度与宽度以及花瓣的长度与宽度,一个分类标签是花的类别。数据集共有 150 条记录。鸢尾花数据集是统计学家 R. A. Fisher 在 20 世纪中期发布的,被公认为数据挖掘较有效的数据集。

(1) 使用 K-means 算法对鸢尾花数据集进行聚类分析。

(2) 在互联网上收集任一事物的特征数据,构成数据集,保存在相应文件中,利用 K-means 算法对收集的数据集进行聚类分析。

3. 自然环境是人类生存繁衍的物质基础,保护和改善自然环境是人类维护自身生存和发展的前提。二十大报告指出,我们需要坚持绿水青山就是金山银山的理念,全方位、全地域、全过程加强生态环境保护。为达到二〇三五年碳排放稳中有降,生态环境根本好转的目标,请搜寻环境污染的相关数据集,并利用回归分析法探究影响环境质量的因子,为未来环境保护和治理提供技术支撑。

第 5 章　数据可视化设计

1. 了解什么是数据可视化；
2. 了解数据可视化的作用及分类；
3. 熟悉数据可视化的基本框架、基本原则、基本图表；
4. 掌握 matplotlib 库、seaborn 库、plotnine 库，进行绘图。

数据存在于我们生活的每个角落，等待着我们去有效地利用。人们都希望挖掘出数据背后蕴藏的信息，可视化技术正是探索和理解大数据最有效的途径之一。将数据转化成视觉图像，能帮助我们更加容易地发现和理解其中隐藏的模式或规律。

5.1　数据可视化概述

5.1.1　数据可视化

近年来，随着大数据时代的到来，面对越来越复杂的数据，数据可视化已经成为各个领域传递信息的重要手段。数据可视化也可以理解为一个生成图形、图像符号的过程。人类对图形、图像等可视化符号的处理效率要比对数字、文本的处理效率高很多。有研究表明，绝大部分视觉信号处理过程发生在人脑的潜意识阶段，例如，人们在观看包含自己的集体照时，通常潜意识会第一时间寻找照片中的自己，然后才会寻找其他感兴趣的目标。更为深层次的理解是，可视化是人类思维认知强化的过程，即人脑通过人眼观察某个具体图形、图像来感知某个抽象事物，这个过程是一个强化认知的理解过程。因此，帮助人们理解事物规律是数据可视化的最终目标，而绘制的可视化结果只是可视化的过程表现。

在计算机视觉领域，数据可视化是对数据的一种形象直观的解释，实现从不同维度观察数据，从而得到更有价值的信息。数据可视化将抽象的、复杂的、不易理解的数据转化为人眼可识别的图形、图像、符号、颜色、纹理等，这些转化后的数据通常具备较高的识别效率，能够有效地传达出数据本身所包含的有用信息。

数据可视化的目的，是对数据进行可视化处理，以更明确、有效地传递信息。比起枯燥乏味的数值，人类能够更好更快地认识大小、位置、形状、颜色深浅等物体的外在直观表现。经过可视化之后的数据能够加深人们对数据的理解记忆。

例如，对于这样一个问题：如果额外给你 1 万美元现金，你会选择如何使用它？美国投资机构针对三个年龄段的本土公民做出的调研结果如图 5-1 所示。

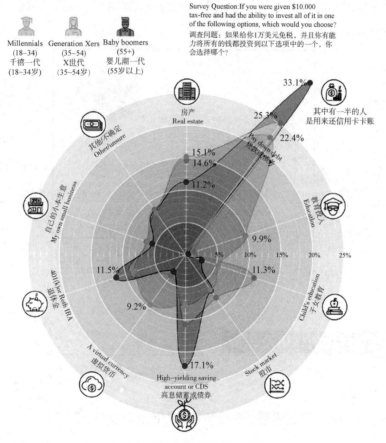

图 5-1　不同年龄的人如何进行投资

由图 5-1 可以看出，偿还债务是得票率最高的选项，这显然与美国发达的信贷市场和消费结构有关。其中，公民的年龄段越大，还款意愿就越强。除了还款，55 岁以上的美国人还比较倾向于低风险的理财项目，如选择高息储蓄或购买债券，或者把钱直接存入退休金账户。我们还可以看到，不动产也是较受美国人欢迎的投资项目之一，其中年轻人的买房欲望相对而言是最高的。

由此可见，将数据经过图形化展示后，人们可以从可视化的图形中直观地获取更有效的信息。

数据可视化是为了从数据中寻找三个方面的信息：模式、关系和异常。

（1）模式。模式指数据中的规律。例如，机场每月的旅客人数都不一样，通过几年的数据对比，发现旅客人数存在周期性的变化，某些月份的旅客数量一直偏低，某些月份的旅客数量则一直偏高。

（2）关系。关系指数据之间的相关性，通常代表关联性和因果关系。无论数据的总量和复杂程度如何大，数据间的关系大多可分为三类：数据间的比较、数据的构成、数据的分布或联系。例如，关于收入水平与幸福感之间的关系是否成正比，经统计，对于月收入 1 万元以下的人来说，一旦收入增加，幸福感会随之提升，但对于月收入水平在 1 万元以上的人来说，幸福感并不会随着收入水平的提高而提升，这种非线性关系也是一种关系。

（3）异常。异常指有问题的数据。异常的数据不一定都是错误的数据，有些异常数据可能是设备出错或者人为错误输入，有些可能就是正确的数据。通过异常分析，用户可以及时发现各种异常情况。如图 5-2 所示，图中大部分点都集中一个区域，极少数点分散在其他区域，这些都属于异常值，需要特殊处理。

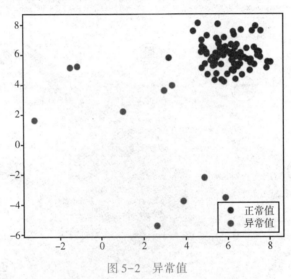

图 5-2　异常值

5.1.2　数据可视化的作用及分类

1. 数据可视化的作用

数据可视化的作用包括记录信息、分析推理、信息传播与协同等。

1）记录信息

自古以来，记录信息的有效方式之一是用图形的方式描述各种具体或抽象的事物。如图 5-3 所示，图（a）是列奥纳多·达·芬奇绘制的人体解剖图，图（b）是自然史博物学家威廉·柯蒂斯绘制的植物图，图（c）是 1616 年伽利略关于月亮周期的绘图，该图记录了月亮在一定时间内的变化。

2）分析推理

数据可视化极大地降低了数据理解的复杂度，有效地提升了信息认知的效率，从而有助于人们更快地分析和推理出有效信息。1854 年，伦敦爆发了一场霍乱，医生 John Snow 通过

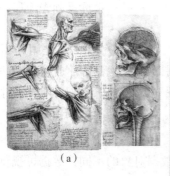

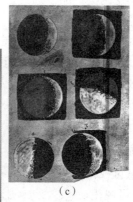

（a）

（b）

（c）

图 5-3　记录信息

绘制街区地图分析了霍乱患者的分布与水井分布之间的关系，发现在一口井的供水范围内患者明显偏多，据此找到了霍乱爆发的根源——被污染的水泵。

3）信息传播与协同

图 5-4 是介绍中国烟民数量的图形，如果只看图（a），可知中国烟民的数量是 3 200 000，这个数据是很大的，但具体有多大读者不能直接感知。结合图 5-4（b）可知，中国烟民数量超过了美国人口总和，通过这种对比，对数据的感知就加深了。

中国烟民数量

 320 000 000

（a）

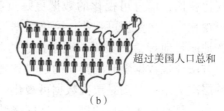 超过美国人口总和

（b）

图 5-4　中国烟民数量

随着计算机技术的普及，数据无论从数量上还是从维度层次上都变得日益繁杂。面对海量而又复杂的数据，各个科研机构和商业组织普遍遇到以下问题：

（1）大量数据不能有效利用，弃之可惜，想用却不知如何下手。

（2）数据展示模式繁杂晦涩，无法快速甄别有效信息。

数据可视化就是将海量数据经过抽取、加工、提炼，通过可视化方式展示出来，改变传统的文字描述识别模式，达到更高效地掌握重要信息和了解重要细节的目的。数据可视化在大数据分析中的优势主要体现在以下几个方面：

（1）动作更快。使用图表来总结复杂的数据，可确保对关系的理解要比那些混乱的报告或电子表格更快。可视化提供了一种非常清晰的交互方式，从而能够使用户更快地理解和处理这些信息。

（2）以建设性方式提供结果。大数据可视化能够用一些简短的图形描述复杂的信息。通过可交互的图表界面，轻松地理解各种不同类型的数据。例如，许多企业通过收集消费者行为数据，再使用大数据可视化来监控关键指标，从而更容易发现各种市场变化和趋势。例如，一家服装企业发现，在西南地区，深色西装和领带的销量正在上升，这促使该企业在全

国范围内推销这两类产品。通过这种策略，这家企业的产品销量远远领先于那些尚未注意到这一潮流的竞争对手。

（3）理解数据之间的联系。在市场竞争环境中，找到业务和市场之间的相关性是至关重要的。例如，一家软件公司的销售总监在条形图中看到，他们的旗舰产品在西南地区的销售额下降了8%，销售总监开始深入地了解问题出现在哪里，并着手制订改进计划。通过这种方式，数据可视化可以让管理人员立即发现问题并采取行动。

2. 数据可视化的分类

数据可视化的处理对象是数据。根据所处理的数据对象的不同，数据可视化可分为科学可视化与信息可视化两类。

1）科学可视化

科学可视化是可视化领域发展最早、最成熟的一个学科，其应用领域包括物理、化学、气象气候、航空航天、医学、生物学等各个学科，涉及对这些学科中数据和模型的解释、操作与处理，旨在寻找其中的模式、特点、关系以及异常情况。

科学可视化的基础理论与方法已经相对成熟，其中有一些方法已广泛应用于各个领域。最简单的科学可视化方法是颜色映射法，它将不同的值映射成不同的颜色。科学可视化方法还包括轮廓法，轮廓法是将数值等于某一指定阈值的点连接起来的可视化方法，地图上的等高线、天气预报中的等温线都是典型的轮廓可视化的例子。

2）信息可视化

与科学可视化相比，信息可视化的数据更贴近我们的生活与工作，包括地理信息可视化、时变数据可视化、层次数据可视化、网络数据可视化、非结构化数据可视化等。

我们常见的地图是地理信息数据，属于信息可视化的范畴。时变数据可视化采用多视角、数据比较等方法体现数据随时间变化的趋势和规律。在层次数据可视化中，层次数据表达各个个体间的层次关系。树图是层次数据可视化的典型案例，它是对现实世界事物关系的抽象，其数据本身是具有层次结构的信息。在网络结构数据可视化中，网络数据不具备层次结构，关系更加复杂和自由，如人与人之间的关系、城市道路连接、科研论文的引用等。非结构化数据可视化通常是将非结构化数据转化为结构化数据再进行可视化显示。

二维码 5-1　数据可视化的历史

5.1.3　数据可视化历史及未来

1. 数据可视化的发展历史

数据可视化的发展有着非常久远的历史，最早可以追溯到远古时期。可视化技术的发展与测量技术、绘画技术、人类文明启蒙和科技的发展相辅相成。在地图、科学与工程制图、统计图表中，可视化技术已经应用和发展了数百年。数据可视化的发展历史时间轴如图5-5所示。

1）17世纪前：早期地图与图表

在17世纪以前人类研究的领域有限，总体数据量处于较少的阶段，因此几何学通常被视为可视化的起源，数据的表达形式也较为简单。图5-6展示的就是公元前6200年人类绘制的地图。

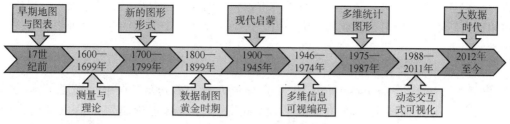

图 5-5　数据可视化发展历史时间轴

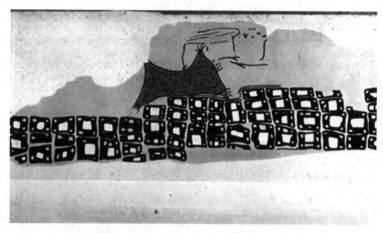

图 5-6　公元前 6200 年的人类地图

2）1600—1699 年：测量与理论

在 17 世纪，物理学家们陆续完善了物理基本量的测量理论并研究出了相关设备，物理基本量包括时间、空间、距离等。与此同时绘图学理论与实践也随着分析几何、测绘学、概率论、统计学等领域的发展而迅速发展。到 17 世纪末，一些基于真实测量数据的可视化方法逐渐被科学家们探索出来。

3）1700—1799 年：新的图形形式

18 世纪可以说是科学史上承上启下的年代，英国工业革命、牛顿对天体的研究，以及后来微积分方程等的建立，都推动着数据向精准化以及量化的阶段发展，统计学研究的需求也愈发显著，用抽象图形的方式来表示数据的想法也不断成熟。随着对数据系统性地收集以及科学地分析处理，18 世纪数据可视化的形式已经接近当代科学使用的形式，条形图和时序图等可视化形式的出现体现了人类数据运用能力的进步。

4）1800—1899 年：数据制图黄金时期

随着工艺技术的完善，到 19 世纪上半叶，人们已经掌握整套统计数据可视化工具（包括柱状图、饼图、直方图、折线图、时间线、轮廓线），关于社会、地理、医学和基金的统计数据越来越多。将国家的统计数据与其可视表放在地图上，从而产生了概念制图的方式。到 19 世纪下半叶，系统构建可视化方法的条件日渐成熟，人类社会进入统计图形学的黄金时期。

5）1900—1945 年：现代启蒙

到 20 世纪上半叶，政府、商业机构和科研部门开始大量使用可视化统计图形。同时，可视化在航空、物理、天文和生物等科学与工程领域的应用也取得突破性进展。可视化的广泛应用让人们意识到图形可视化的巨大潜力。这个时期的一个重要特点是多维数据可视化和心理学的引入。

6）1946—1974 年：多维信息可视编码

1967 年，法国人 Jacques Bertin 出版了 *Semiology of Graphics* 一书，确定了构成图形的基本要素，并且描述了一种关于图形设计的框架。这套理论奠定了信息可视化的理论基石。随着个人计算机的普及，人们逐渐开始采用计算机编程生成可视化图形。1973 年 Herman Chernoff（赫尔曼·诺夫）发明了表达多维变量数据的脸谱编码，如图 5-7 所示。

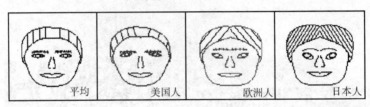

图 5-7　多维变量数据的脸谱编码

7）1975—1987 年：多维统计图形

进入 20 世纪 70 年代后，桌面操作系统、计算机图形学、图形显示设备、人机交互等技术的发展激活了人们编程实现交互可视化的热情。与此同时高性能计算、并行计算的理论与产品正处于研发阶段，催生了面向科学与工程的大规模计算方法。图 5-8 所示为利用雷达图对多维数据进行统计，比较公有云、私有云、混合云多个维度的性能值。

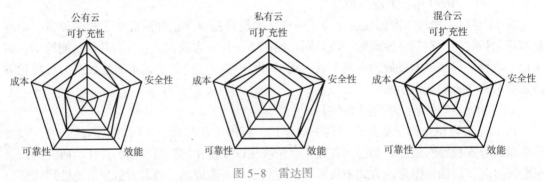

图 5-8　雷达图

8）1988—2011 年：动态交互式可视化

20 世纪 70—80 年代，人们主要尝试使用多维定量数据的静态图来表现静态数据，80 年代中期动态统计图开始出现，最终在 20 世纪末两种方式开始合并，试图实现动态、可交互的数据可视化，于是动态交互式的数据可视化方式成为新的发展主题。

9）2012 年至今：大数据时代

2012 年，我们进入数据驱动的时代。大数据时代的到来对数据可视化的发展有着冲击性的影响，试图继续以传统展现形式来表达庞大的数据量中的信息是不可能的，大规模的动态化数据要依靠更有效的处理算法和表达形式才能传达出有价值的信息，因此大数据可视化的研究成为新的时代命题。

2. 数据可视化的未来

1）数据可视化面临的挑战

伴随大数据时代的来临，数据可视化日益受到关注，可视化技术也日益成熟。然而，数据可视化依然存在许多问题，且面临着巨大的挑战。具体包括以下几个方面：

（1）视觉噪声。在数据集中，大多数数据具有极强的相关性，无法将其分离作为独立的对象显示。

（2）信息丢失。减少可视数据集的方法可行，但会导致信息的丢失。

（3）大型图像感知。数据可视化不单单受限于设备的长度比及分辨率，也受限于现实世界的感受。

（4）高速图像变换。用户虽然能够观察数据，却不能对数据强度变化做出反应。

2）数据可视化的发展方向

数据可视化技术的发展主要集中在以下三个方向。

（1）可视化技术与数据挖掘技术的紧密结合。数据可视化可以帮助人类洞察出数据背后隐藏的潜在规律，进而提高数据挖掘的效率，因此，可视化与数据挖掘紧密结合是可视化研究的一个重要发展方向。

（2）可视化技术与人机交互技术的紧密结合。用户与数据交互，可方便用户控制数据，更好地实现人机交互是人类一直追求的目标。因此，可视化与人机交互相结合是可视化研究的一个重要发展方向。

（3）可视化技术广泛应用于大规模、高维度、非结构化数据的处理与分析。目前，我们处在大数据时代，大规模、高维度、非结构化数据层出不穷，若将这些数据以可视化形式完美地展示出来，对人们挖掘数据中潜藏的价值大有益处，可视化与大规模、高维度、非结构化数据结合是可视化研究的一个重要发展方向。

5.2　数据可视化基础

5.2.1　数据可视化的基本框架

1. 数据可视化的流程

数据可视化的流程以数据流向为主线，其核心流程主要包括数据采集、数据处理和变换、可视化映射和用户感知四大步骤。整个可视化过程可以看成是数据流经过一系列处理步骤后，得到转换的过程。用户可以通过可视化的交互功能进行互动，通过用户的反馈提高可视化的效果。

（1）数据采集。可视化的对象是数据，而采集的数据涉及数据格式、维度、分辨率和精确度等重要特性，这些都决定了可视化的效果。

（2）数据处理和变换。这是数据可视化的前期准备工作。原始数据中含有噪声和误差，还会有一些信息被隐藏。可视化之前需要将原始数据转换成用户可以理解的模式和特征并显示出来。所以，数据处理和变换是非常有必要的，它包括去噪、数据清洗、提取特征等流程。

（3）可视化映射。可视化映射过程是整个流程的核心，其主要目的是让用户通过可视化结果去理解数据信息以及数据背后隐含的规律。该步骤将数据的数值、空间坐标、不同位置数据间的联系等映射为可视化视觉通道的不同元素，如标记、位置、形状、大小和颜色等。因此，可视化映射是与数据、感知、人机交互等方面相互依托、共同实现的。

（4）用户感知。可视化映射后的结果只有通过用户感知才能转换成知识和灵感。用户从数据的可视化结果中进行信息融合、提炼、总结知识和获得灵感。数据可视化可让用户从数据中探索新的信息，也可证实自己的想法是否与数据所展示的信息相符合，用户还可以利用可视化结果向他人展示数据所包含的信息。用户可以与可视化模块进行交互，交互功能在可视化辅助分析决策方面发挥了重要作用。

直到今天，还有很多科学可视化和信息可视化工作者在不断地优化可视化工作流程。

图5-9所示为由欧洲学者Daniel Keim等人提出的可视分析学标准流程，它是从数据空间到可视空间的映射，包含了数据转换、模型构建、参数改进和模型可视化等各个阶段。

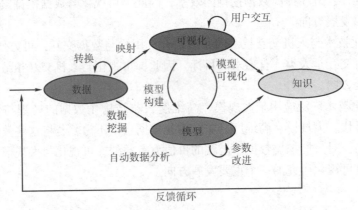

图5-9　欧洲学者Daniel Keim等人提出的可视分析学标准流程

可以看出，不管在哪种可视化流程中，人是核心要素。虽然机器可承担对数据的计算和分析工作，而且在很多场合比人的效率高，但人仍是最终决策者。

2. 数据可视化的设计

设计数据可视化时，我们应遵守以下可视化设计标准：表达力强、有效性强、能简洁地传达信息、易用和美观等。

数据可视化的设计可归纳为图5-10所示的4个层次。

第一层是描述现实生活中用户遇到的实际问题。在第一层中，可视化设计人员会用大量的时间与用户接触，采用有目标的采访或软件工程领域的需求分析方法来了解用户需求。

第二层是抽象层，它将第一层确定的任务和数据转换为信息可视化术语。这也是可视化设计人员面临的挑战之一。

第三层是编码层，设计视觉编码和交互方式是可视化研究的核心内容。

第四层则需要具体实现与前三个层次匹配的数据可视化展示和交互算法，相当于一个细节描述过程。

框架中的每个层次都存在着不同的设计难题，第一层需要准确定义问题和目标，第二层

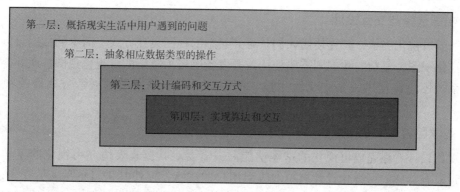

图 5-10　数据可视化的设计框架

需要正确处理数据，第三层需要提供良好的可视化效果，第四层需要解决可视化系统的运行效率问题。各层之间是嵌套关系，外层的输出是内层的输入。

5.2.2　数据可视化的基本原则

二维码 5-2　数据可视化原则

　　数据可视化的主要目的是准确地为用户展示和传达出数据所包含（隐藏）的信息。简洁明了的可视化设计会让用户受益，而过于复杂的可视化设计则会给用户带来理解上的偏差和对原始数据信息的误读；缺少交互的可视化设计会让用户难以多方面地获得所需信息；没有美感的可视化设计则会影响用户的情绪，从而影响信息传播和表达的效果。因此，了解并掌握可视化的一些设计方法和原则，对设计有效的可视化十分重要。本节将在数据筛选、数据到可视化的直观映射、视图选择与交互设计、美学因素、可视化的隐喻和颜色与透明度 6个方面介绍一些有效的可视化设计指导思路和原则，以帮助读者完成可视化设计。

1. 数据筛选

　　一个优秀的可视化设计必须展示适量的信息内容，以保证用户获取数据信息的效率。若展示的信息过少，则会使用户无法更好地理解信息；若包含过多的信息，则可能造成用户的思维混乱，甚至可能会导致错失重要信息。因此，一个优秀的可视化设计应向用户提供对数据进行筛选的操作，从而可以让用户选择数据的哪一部分提前被显示，而其他部分则在需要的时候才显示。另一种解决方案是通过使用多视图或多显示器，根据数据的相关性分别显示。

2. 数据到可视化的直观映射

　　在设计数据到可视化的映射时，设计者不仅要明确数据语义，还要了解用户的个性特征。如果设计者能够在可视化设计时预测用户在使用可视化结果时的行为和期望，就可以提高可视化设计的可用性和功能性，有助于帮助用户理解可视化结果。设计者利用已有的先验知识，可以减少用户对信息的感知和认知所需的时间。

　　数据到可视化的映射还要求设计者使用正确的视觉通道去编码数据信息。例如，对于类别型数据，务必使用分类型视觉通道进行编码；而对于有序型数据，则需要使用定序的视觉通道进行编码。

3. 视图选择与交互设计

优秀的可视化展示，首先使用人们认可并熟悉的视图设计方式。简单的数据可以使用基本的可视化视图，复杂的数据则需要使用或开发新的较为复杂的可视化视图。此外，优秀的可视化系统还应该提供一系列交互手段，使用户可以按照所需的展示方式修改视图展示结果。

4. 美学因素

可视化设计者在完成可视化的基本功能后，需要对其形式表达（可视化的美学）方面进行设计。有美感的可视化设计会更加吸引用户的注意，促使其进行更深入的探索。因此，优秀的可视化设计必然是功能与形式的完美结合。在可视化设计中有很多方法可以提高美感，总结起来主要有以下三种原则。

简单原则：指设计者应尽量避免在可视化制作中使用过多的元素造成复杂的效果，而应找到可视化的美学效果与所表达的信息量之间的平衡。

平衡原则：为了有效地利用可视化显示空间，可视化的主要元素应尽量放在设计空间的中心位置或中心附近，并且元素在可视化空间中尽量平衡分布。

聚焦原则：设计者应该通过适当的手段将用户的注意力集中到可视化结果中的最重要区域。例如，设计者通常将可视化元素的重要性排序后，对重要元素通过突出的颜色进行编码展示，以提高用户对这些元素的关注度。

5. 可视化的隐喻

用一种事物去理解和表达另一种事物的方法称为隐喻，隐喻作为一种认知方式参与人对外界的认知过程。与普通认知不同，人们在进行隐喻认知时需要先根据现有信息与以往经验寻找相似记忆，并建立映射关系，再进行认知、推理等信息加工。解码隐喻内容，才能真正了解信息传递的内容。

可视化过程本身就是一个将信息进行隐喻化的过程。设计师将信息进行转换、抽象和整合，用图形、图像、动画等方式重新编码表示信息内容，然后展示给用户。用户在看到可视化结果后进行隐喻认知，并最终了解信息内涵。信息可视化的过程是隐喻编码的过程，而用户读懂信息的过程则是运用隐喻认知解码的过程。隐喻的设计包含隐喻本体、隐喻喻体和可视化变量三个层面。选取合适的源域和喻体，就能创造更佳的可视和交互效果。

6. 颜色与透明度

颜色在数据可视化领域通常被用于编码数据的分类或定序属性。有时，为了便于用户在观察和探索数据可视化时从整体进行把握，可以给颜色增加一个表示不透明度的分量通道，用于表示离观察者更近的颜色对背景颜色的透过程度。该通道可以有多种取值，当取值为 1 时，表示颜色是不透明的；当取值为 0 时，表示该颜色是完全透明的；当取值介于 0 和 1 之间时，表示该颜色可以透过一部分背景的颜色，从而实现当前颜色和背景颜色的混合，创造出可视化的上下文效果。

颜色混合效果可以为可视化视图提供上下文内容信息，方便观察者对数据全局进行把握。例如，在可视化交互中，当用户通过交互方式移动一个标记而未将其就位时，颜色混合所产生的半透明效果可以对用户造成非常直观的操作感知效果，从而提高用户的交互体验。但有时颜色的色调视觉通道在编码分类数据上会失效，所以在可视化中应当慎用颜色混合。

5.2.3　数据可视化基本图表

统计图表是最早的数据可视化形式之一，作为基本的可视化元素仍然被广泛使用。对很多复杂的大型可视化系统而言，这类图表更是不可或缺的基本组成元素。

基本的可视化图表按照其所呈现的信息和视觉复杂程度可以分为三类：原始数据绘图、简单统计值标绘和多视图协调关联。

数据可视化基本图表有：数据轨迹、柱形图、折线图、直方图、饼图、走势图、散点图、气泡图、维恩图、热力图和雷达图等。

1. 数据轨迹

数据轨迹是一种标准的单变量数据呈现方法：x 轴显示自变量，y 轴显示因变量。数据轨迹可直观地呈现数据分布、离群值、均值的偏移等。图 5-11 所示为某股票随时间的价格趋势图。

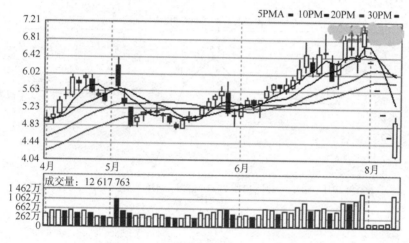

图 5-11　某股票随时间的价格趋势图

2. 柱形图

采用长方形的形状和颜色编码数据的属性。柱形图的每根直柱内部也可以用像素图方式编码。图 5-12 所示柱形图为 2018-2022 年国内生产总值。

3. 折线图

排列在工作表的列或行中的数据可以绘制到折线图中。折线图可以显示随时间而变化的连续数据，因此非常适用于显示在相等时间间隔下数据的趋势。图 5-13 所示为统计局 2022 年 8 月份规模以上工业增加值同比增长速度折线图。

4. 直方图

直方图是对数据集中某个数据属性的频率统计。直方图的各个部分之和等于单位整体，而柱形图的各个部分之和则没有限制，这是两者的主要区别。图 5-14 所示为我国某高校学生体重（kg）的频率分布直方图。

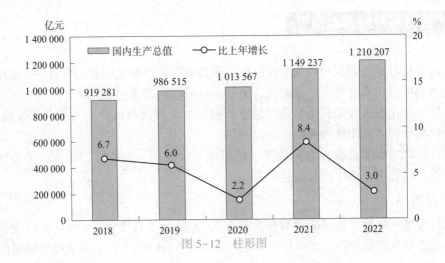

图 5-12　柱形图

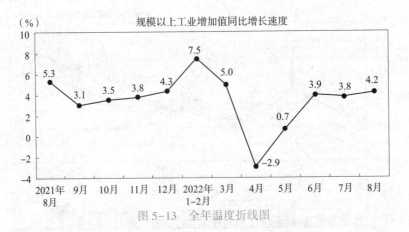

图 5-13　全年温度折线图

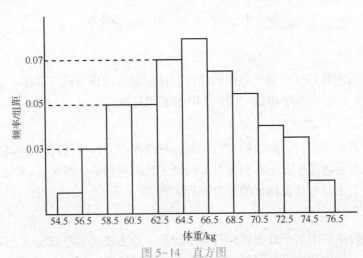

图 5-14　直方图

5. 饼图

饼图采用环状方式呈现各分量在整体中的比例。由于人眼对面积的大小不敏感，当饼图各个分量比例相差不大时，应用柱形图替代饼图。图 5-15 所示为 2017 年全国居民人均消费支出及其构成，采用饼图的形式，用户就能够直观地看出各个消费部分的占比。

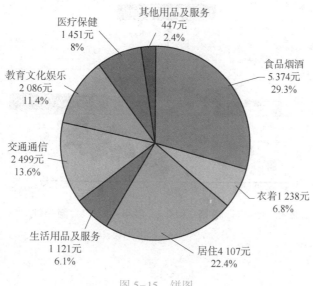

图 5-15　饼图

6. 走势图

走势图是一种紧凑、简洁的数据趋势表达方式，它通常以折线图为基础，往往直接嵌入在文本或表格中。走势图使用高度密集的折线图表达方式来展示数据随某一变量的变化趋势。图 5-16 所示为北京地区 2014 年 8 月至 2015 年 9 月的房价走势图。

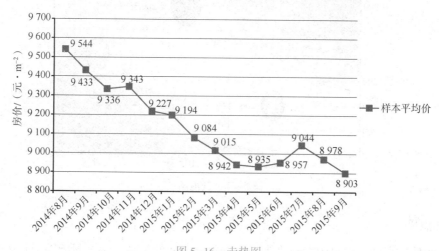

图 5-16　走势图

7. 散点图

散点图是表示二维数据的标准方法。在散点图中，所有数据以点的形式出现在笛卡儿坐标系中，每个点所对应的横、纵坐标分别代表该数据在坐标轴上的属性值大小。图 5-17 所示为快递的单票成本与单票收入统计，每个散点代表一个快递站点，横坐标表示该快递站点每个快递的平均成本，纵坐标表示该快递站点每个快递的平均收入，不同的颜色代表快递站所属的区域。

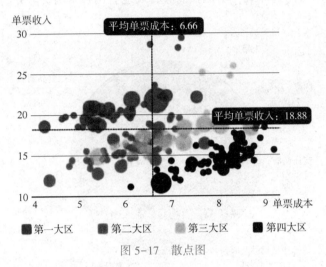

图 5-17　散点图

8. 气泡图

气泡图是散点图的一种变形，通过每个点的面积大小来表示第三维。如果为气泡图加上不同的颜色，气泡图就可以用来表示四维数据。图 5-18 所示为某产品在三个地区的销售统计，该图直观地显示出 B 地区的销售额最高，且增长率也最高。

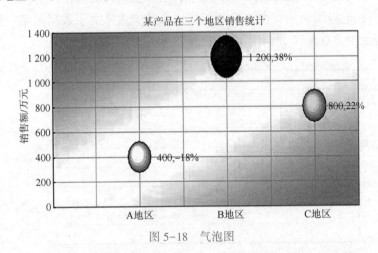

图 5-18　气泡图

9. 维恩图

维恩图使用平面上的封闭图形来表示数据集合之间的关系。每个封闭图形代表一个数据集合，图形之间的交叠部分代表集合间的交集，图形外的部分代表不属于该集合的数据部分，如图 5-19 所示。

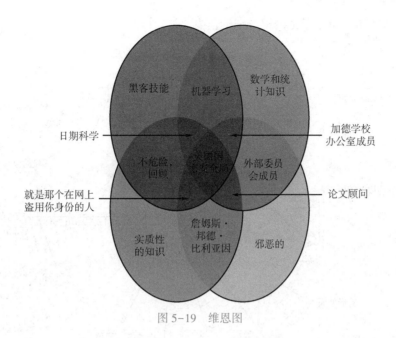

图 5-19　维恩图

10. 热力图

热力图使用颜色来表达位置相关的二维数值数据大小。这些数据常以矩阵或方格形式排列，或在地图上按一定位置关系排列，每个数据点都可以使用颜色编码数值。图 5-20 所示为我国 2018 年 11 月 4 个一线城市的深夜出行人数热力图，颜色越深，范围越大，则表明深夜出行人数越多。很明显，从图中可以看出，北京深夜出行人数最多。

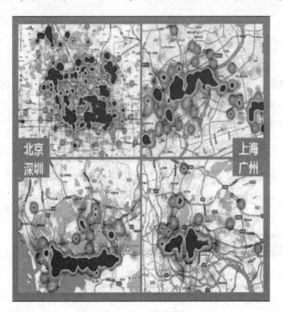

图 5-20　热力图

11. 雷达图

雷达图又称为戴布拉图、蜘蛛网图，适用于多维数据，且每个维度必须可以排序。

图 5-21 所示为某初中期末考试的得分统计信息。

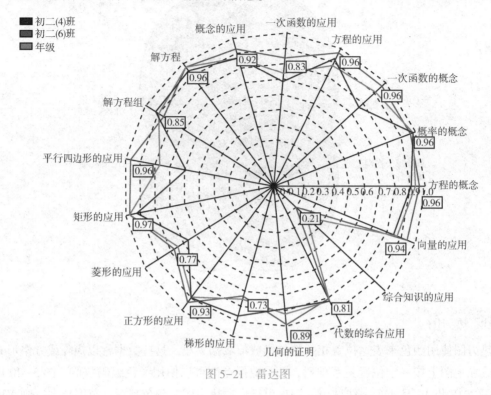

图 5-21 雷达图

5.3 Python 数据可视化

数据可视化是数据处理和挖掘中的重要环节，通过图形的形式可以清晰地表达数据内在的规律。通常，使用自然语言、数字等形式表达的概念是枯燥的、不易懂的，而可视化技术可以增加数据的生动性。在Python中，提供了不同的库或者模块来实现数据的可视化。其中最为常用的可视化方法是 matplotlib 库。为了提升可视化效果的美观程度，也有其他的可视化模块，如 seaborn、plotnine 等。

二维码 5-3 matplotlib
库绘制折线图

5.3.1 matplotlib 库绘图

1. matplotlib 库

由名字可以看出，这个库的主要目的是能够在 Python 环境下提供 MATLAB 中类似的绘图体验。同其他第三方库一样，在使用前需要通过以下命令安装：

```
pip install matplotlib
```

matplotlib 库常用函数如表 5-1 所示。

表 5-1 matplotlib 库常用函数

函数名	说明
title( )	图像的标题
xlabel( );ylabel( )	x 轴标签；y 轴标签
legend( )	显示图例
grid( )	显示图形中的网格
scatter( )	绘制散点图
bar( );barh( )	绘制柱形图；绘制水平柱形图
hist( )	绘制直方图
pie( )	绘制饼图
show( )	显示图形
xticks( );yticks( )	横坐标轴刻度的设置；纵坐标轴刻度的设置
figure( )	建立绘制区域
subplot( )	绘制子图
xlim( );ylim( )	绘制 x 轴坐标值范围；绘制 y 轴坐标值范围
plot( )	根据给定的 x、y 坐标值绘图

在 matplotlib 库中，一幅图就是一个 figure 对象，"pyplot"是最为常用的绘图模块，其中包含了各种图形的绘制方法。在使用之前，需要导入该模块。matplotlib 库的基础接口使用方法如下：

```
from matplotlib import pyplot as plt
import numpy as np
% matplotlib inline
my_ font = font_ manager. FontProperties("fname= /System/Library/Fonts/Times. dfont")
x = np. random. randint(1, 20, 10)
y = np. random. randint(1, 20, 10)
plt. scatter(x, y, marker='o' , label=' Legend' )
plt. legend(loc=0)
plt. xlabel(' x label' )          #图形的 x 轴
plt. ylabel(' y label' )          #图形的 y 轴
plt. title(' title' )
plt. grid()
plt. show()
```

其中，"legend( )"函数的一个重要参数"loc"用于指定图例的位置，"loc"的取值及其含义如表 5-2 所示。

表 5-2 "loc" 参数取值说明

参数取值	说明
best 或者 0	自适应一个最佳的位置
upper right 或者 1	右上方
upper left 或者 2	左上方
lower left 或者 3	左下方
lower right 或者 4	右下方
right 或者 5	右方
center left 或者 6	左侧居中
center right 或者 7	右侧居中
lower center 或者 8	下方居中
upper center 或者 9	上方居中
center 或者 10	居中

matplotlib 库中的图像组件示意如图 5-22 所示。

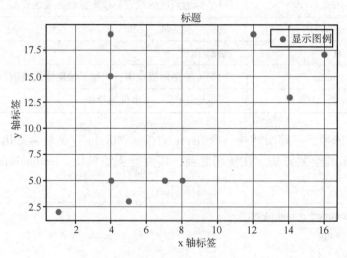

图 5-22 matplotlib 库中的图像组件示意

如果需要将坐标轴的刻度显示为个性化的内容，而不是数字的形式，则需要通过"xticks( )"函数进行横坐标刻度的设置，"yticks( )"函数进行纵坐标刻度的设置。它们有一个属性"rotation"，如果设置为"vertical"值，则表示刻度垂直显示。对 x 坐标轴的刻度进行重新设置，并让刻度标签垂直显示，代码如下：

```
import matplotlib. pyplot as plt
x = [1, 2, 3, 4]
y = [1, 4, 9, 16]
labels = ['Jan' ,' Feb' ,' Mar' , 'Apr' ]
plt. scatter(x, y, marker='o' )
plt. xticks(x, labels, rotation='vertical' )
plt. show()
```

执行结果如图 5-23 所示。

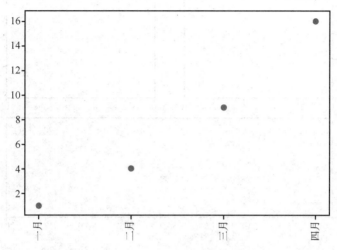

图 5-23　修改坐标刻度的显示效果

在调用"scatter()"函数画图时，matplotlib 库会获取当前的 figure 对象，如果为空，则将自动生成 figure 对象。如果需要另外生成一个绘图区域，即另一个 figure 对象，则需调用"figure()"函数。例如，"plt. figure(figsize = (10, 10, dpi = 80))"表示生成一个"(10×80)×(10×80)"像素大小的绘图区域，如果不使用参数，则表示创建默认大小的绘图区域。

若想实现在一幅图中包含多幅子图，则可以通过"subplot()"函数画子图，即将绘图区域分割成不同的子区域，分别画不同的内容。通常，"subplot()"函数使用 3 个数字参数，如"2，2，1"。其中，第一个数字表示子图划分的行数，第二个数字表示每行中的列数，第三个数字表示子图的序号。例如，画一个两行的子图，代码如下：

```
import matplotlib. pyplot as plt
% matplotlib inline
plt. subplot(2,2,1)          # 第一行的左图
plt. xlim(0,10)              #x 轴的表示范围限定在"[0,10]"内
plt. ylim(0,5)              #y 轴的表示范围限定在"[0,5]"内
plt. subplot(2,2,2)          # 第一行的右图
plt. xlim(0,10)
plt. ylim(0,5)
plt. subplot(2,1,2)          # 第二整行
plt. xlim(0,20)
plt. ylim(0,5)
plt. show()
```

其中，"2，2，1"表示一共有两个子图，该行有两列，这是其中的第 1 个子图；同理，"2，2，2"表示第一行中的第 2 个子图。第 2 行中的一个子图占了"2，2，3"和"2，2，4"的位置，因此需要重新按照两行一列进行划分。按照这种划分方法，第 1 行应该是"2，1，1"，第 2 行的这一个子图应该用"2，1，2"来表示。

执行结果如图 5-24 所示。

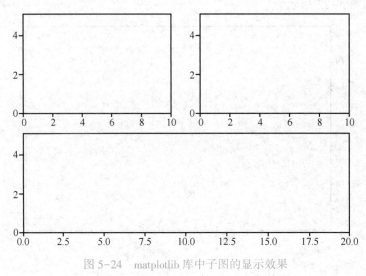

图 5-24　matplotlib 库中子图的显示效果

2. 使用 matplotlib 库绘制各种图形

通过"pyplot"模块可以在图形或者子图中绘制各种图形，常见的包括折线图、散点图、柱形图、直方图等。

1) 绘制折线图

顾名思义，折线图使用线的形式展现数据之间的关系。此时需要用到"plot( )"函数，在使用"plot( )"函数绘制图时可以设置线的颜色、形状、宽度等属性。"plot( )"函数常用参数如表 5-3 所示。

表 5-3　"plot( )"函数常用参数说明

参数名	说明
x	x 轴数据，默认值为 None
y	y 轴数据，默认值为 None
kind	绘图类型。'line'：折线图，默认值；'bar'：垂直柱形图；'barh'：水平柱形图；'hist'：直方图；'box'：箱形图；'kde'：Kernel 核密度估计图；'density'：与'kde'相同；'pie'：饼图；'scatter'：散点图
title	图形标题，字符串
color	画笔颜色。用颜色缩写，如'r'、'b'，或者 RGB 值，如' #CECECE'。主要颜色缩写：'b'：blue；'c'：cyan；'g'：green；'k'：black；'m'：magenta；'r'：red；'w'：white；'y'：yellow
grid	图形网格，默认值为 None
fontsize	坐标轴（包括 x 轴和 y 轴）刻度的字体大小。整数，默认值为 None
alpha	图表的透明度，值为 0~1，值越大颜色越深
use_index	默认为 True，用索引作为 x 轴刻度

参数名	说明
linewidth	绘图线宽
linestyle	绘图线型。' – ' 表示实线；' : ' 表示点线；' –. ' 表示虚实线；' – – ' 表示虚线
marker	标记风格。' . '：点；' , '：像素（极小点）；' o '：实心圈；' v '：倒三角；' ^ '：上三角；' > '：右三角；' < '：左三角；' 1 '：下花三角；' 2 '：上花三角；' 3 '：左花三角；' 4 '：右花三角；' s '：实心方形；' p '：实心五角；' * '：星形；' h '/' H '：竖/横六边形；'	'：垂直线；' + '：十字；' x '：x；' D '：菱形；' d '：瘦菱形
xlim、ylim	x 轴、y 轴的范围，二元组表示最小值和最大值

绘制折线图时，直线的颜色、形状、标记符三种设置可以放在一起使用。绘制三种不同形状的直线，每条直线中的数据使用不同的标记，具体代码如下：

```
import matplotlib. pyplot as plt
import numpy as np
% matplotlib inline
x = np. array([1,2,3,4,5])
y1 = 3* x
y2 = 10* x
y3 = 12* x
plt. plot(x, y1, ' ro- ' )          #绘制一条红色、实心圈的实线
plt. plot(x, y2, ' b^:' )          #绘制一条蓝色、上三角的点线
plt. plot(x, y3, ' gD- . ' )          #绘制一条绿色、菱形的虚实线
plt. show()
```

执行结果如图 5-25 所示。

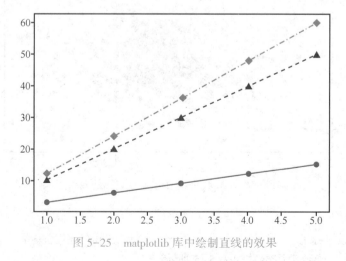

图 5-25　matplotlib 库中绘制直线的效果

2）绘制散点图

散点图通过点的形式展示数据分布，画散点图时使用函数"scatter( )"，该函数需要以（x，y）形式表示数据，"scatter( )"函数的相关参数如表5-4所示。

表 5-4   "scatter( )"常用参数说明

参数名	说明
x	x 轴对应的数据列表或一维数组
y	y 轴对应的数据列表或一维数组
s	设置标记符大小
c	设置标记符的颜色

使用高斯分布生成500个数据点，计算数据点 x 与 y 之间的反正切值表示该数据点的颜色值，然后使用函数"scatter( )"绘制散点图，代码如下：

```
impor tnumpy as np
import matplotlib. pyplot as plt
x =np. random. normal(0,1,500)
y =np. random. normal(0,1,500)
c =np. arctan2(y,x)
plt. scatter(x,y,s＝20,c＝c)
plt. show()
```

执行结果如图5-26所示。

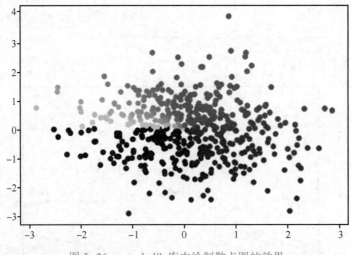

图 5-26   matplotlib 库中绘制散点图的效果

3）绘制柱形图

柱形图可以通过条形形状的高低或长短表示数据之间的相互关系，它的绘制函数是"bar( )"。"bar( )"函数常用参数如表5-5所示。

表5-5　"bar( )"函数常用参数说明

参数名	说明
x	x 轴坐标值
height	柱形图的高度，即 y 轴的数值
width	柱形图的宽度，默认值为 0.8
alpha	柱形图的颜色透明度，默认值为 1
facecolor	柱形图填充的颜色
edgecolor	柱形图边框的颜色

水平柱形图可通过"barh( )"函数实现，"barh( )"函数与"bar( )"函数的主要区别是：在"bar( )"函数中，"width"这一参数代表的是柱形图形的宽度，而在"barh( )"函数中，"width"这一参数代表的是柱形图形的长度。在绘制的柱形图中，若想显示每个柱形图形的数值大小，可以通过"text( )"函数添加对应的文本。"barh( )"函数常用参数如表5-6所示。

表5-6　"barh( )"函数常用参数说明

参数名	说明
x	x 轴坐标值
y	y 轴坐标值
s	显示的内容
ha	水平对齐方式
va	竖直对齐方式

分别绘制竖直和水平的柱形图，代码如下：

```
import numpy as np
import matplotlib. pyplot as plt
n = 15
X = np. arange(n)
Y = (1 - X/float(n)) * np. random. uniform(0. 6, 1. 0, n)
plt. bar(X, Y, facecolor=' #32CD32' , edgecolor=' white' )
forx,y in zip(X, Y):
    plt. text(x+0. 1, y+0. 01, s=' %. 2f' % y, ha=' center' , va= ' bottom' )
plt. figure()
plt. barh(y=X, width=Y, facecolor=' #5555ff' , edgecolor=' white' )
forx,y in zip(X, Y):
    plt. text(y+0. 03, x+0. 01, s=' %. 2f' % y, ha=' center' , va= ' bottom' )
plt. show()
```

执行结果如图 5-27 所示。

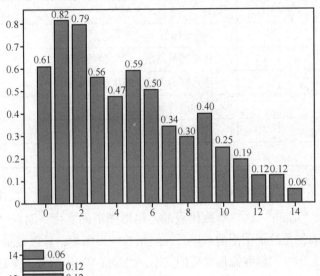

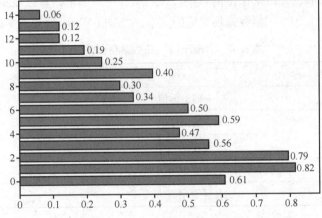

图 5-27　matplotlib 库中绘制柱形图的效果

4）绘制直方图

直方图和条形图有些类似，但是直方图显示的是数据在某个范围内的比例。通过"hist( )"函数可以画直方图。参数"bins"是划分的不同的数值范围，参数"label"是不同数据集合的标签。随机生成 0～50 的整数，并且将这些数在不同范围内的生成频率显示出来，代码如下：

```
import matplotlib. pyplot as plt
import numpy as np
data = [np. random. randint(0, 50, 50)]
labels = [' Data' ]
bins = [0, 10, 20, 30, 40, 50]
plt. hist(data, bins=bins, label=labels)
plt. legend()
plt. show()
```

执行结果如图 5-28 所示。

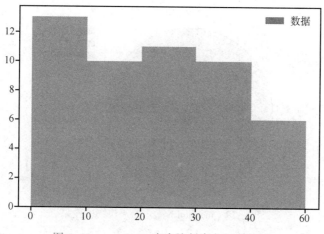

图 5-28　matplotlib 库中绘制直方图的效果

5）绘制饼图

在 matplotlib 库中，使用函数"pie( )"绘制饼图时需要输入一定比例的数据集合。函数 "pie( )"常用参数如表 5-7 所示。

表 5-7　"pie( )"函数常用参数说明

参数名	说明
explode	一个列表，表示饼图中的每部分到中心点的距离
labels	一个列表，表示每部分的标签
colors	每部分的颜色

在如下所示的代码中使用"rcParams"设置字体属性，支持中文显示，否则中文字体将 显示乱码。显示的数据保存在变量"scores"中，然后分别设置颜色、标签等属性。这里需 要突出"差"的成绩，因此，在"explode"中对应的位置设置突出值的大小。调用 "legend"函数显示图例，"axis('equal')"函数将饼图显示为正圆形，代码如下：

```
import matplotlib. pyplot as plt
plt. rcParams[' font. sans- serif ' ]=[' SimHei' ]
scores = [10, 30 ,50, 10]              #存放比例列表
colors=[' r' ,' g' ,' b' ,' y' ]           #存放颜色列表，与比例匹配
labels=[' 优秀' ,' 良好' ,' 中等' ,' 差' ]
explode=(0, 0, 0, 0. 1)
plt. pie(scores,explode=explode,autopct="% 1. 2f % % ",colors=colors,labels=labels)    #绘制饼图
plt. title('成绩分布图' )
plt. legend()
plt. axis('equal' )                      #将饼图显示为正圆形
plt. show()
```

执行结果如图 5-29 所示。

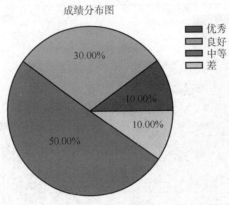

图 5-29　matplotlib 库中绘制饼图的效果

5.3.2　seaborn 库增强绘图效果

matplotlib 库可以提供丰富的绘图样式，但是同时也带来一个问题，即多种函数及其参数带来了过多的细节，导致绘图复杂。在 matplotlib 库的基础上，seaborn 库提供了更高层次的接口，具有更加强大的绘图功能，简化了绘图的流程。通常，它要求输入的数据类型为 pandas 库中的 dataFrame 或者 numPy 模块中的数组。在使用 seaborn 库之前，通过以下命令安装：

二维码 5-4　seaborn 库常用函数

```
pip install seaborn
```

seaborn 库常用函数如表 5-8 所示。

表 5-8　seaborn 库常用函数

函数名	说明
set_style( )	指定使用的主题，其参数是"darkgrid""whitegrid""dark""white"和"ticks"中的一种
set( )	对绘制图像的背景、调色板等进行设置，使用"style"参数，具体形式为：set(style = "white")
despine( )	将图形的边框隐藏
axes_style( )	用于 with 子句中返回不同风格的主题
set_context( )	设置绘图的比例
color_palette( )	建立调色板并进行颜色的设置
distplot( )	可以绘制直方图，同时可绘制核密度图
jointplot( )	分析两个变量的联合概率分布以及其中一个变量的分布

续表

函数名	说明
marplot( )	创建条形图
barplot( )	绘制箱形图
violinplot( )	绘制小提琴图
pairplot( )	不同特征（变量）两两之间相互关系

seaborn 库首先带来了主题上的变化，其默认主题是黑色网格底色（darkgrid）主题，网格可以帮助定位图数据的定量化信息。seaborn 库提供的"set_style( )"函数可以指定使用的主题。另外，"set( )"函数也可以对绘制图像进行设置，如背景、调色板等，如果不加参数，则表示设置成默认值。如果使用"set( )"函数设置图像的主题，则需要使用"style"参数，具体形式为：set(style="white")。图 5-30 所示为 seaborn 库的默认主题所绘图形，其实现代码如下：

```
import numpy as np
import matplotlib. pyplot as plt
import seaborn assns
% matplotlib inline
x = np. linspace(0, 20, 100)
sns. set_style("darkgrid")          #指定主题 darkgrid
plt. plot(x, np. sin(x))
plt. show()
```

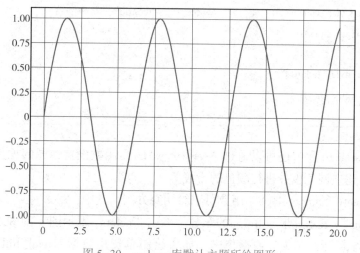

图 5-30　seaborn 库默认主题所绘图形

在"white"和"ticks"主题下，可以使用"despine( )"函数将图形的上方和右方的边框隐藏，如图 5-31 所示。

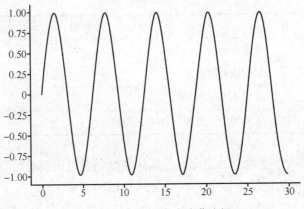

图 5-31　　seaborn 库中隐藏边框

使用"set_style( )"函数对所绘图形的主题统一做设置，这样后续绘制的图形就会使用相同的主题。为了区分不同图形的风格，可以使用"with"语句。在"with"语句中，"axes_style"函数返回"whitegrid"主题的参数，并且绘制第一幅图形，然而，在第二个"with"语句中，"axes_style"函数返回"darkgrid"主题的参数，并且绘制第二幅图形。由于两个主题仅在各自"with"语句的范围内起作用，因此，可以绘制出不同的主题图形。seaborn 库中绘制不同主题图形的效果如图 5-32 所示，实现代码如下：

```
import numpy as np
import matplotlib. pyplot as plt
import seaborn assns
% matplotlib inline
x = np. linspace(0, 20, 100)
with sns. axes_style("whitegrid"):          #返回"whitegrid"主题的参数
    plt. plot(x, np. sin(x))
plt. figure()
with sns. axes_style("darkgrid"):
    plt. plot(x, np. sin(x))
plt. show()
```

除此之外，seaborn 库中还可以通过"set_context( )"函数设置绘图的比例，通过"color_palette( )"函数建立调色板并进行颜色的设置等。

使用"distplot(x,bins,color)"函数可以绘制直方图。其中，参数"x"表示图形来源的数据，参数"bins"表示柱形（Bin）的个数，参数"color"表示图形的颜色。该函数同时绘制核密度估计图。在"tips"数据集中，如果绘制总费用数据"total_bill"的分布规律，使用 10 个柱形来表示数据，则可以使用如下格式：

```
sns. distplot(tips["total_bill"], bins=10, color="blue")
```

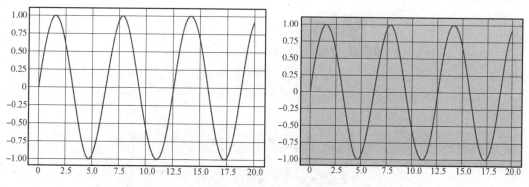

图 5-32　seaborn 库中绘制不同主题图形的效果

seaborn 库中的直方图效果如图 5-33 所示。

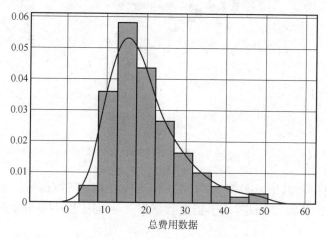

图 5-33　seaborn 库中的直方图效果

　　如果需要展示两个变量之间的关系，即分析两个变量的联合概率分布以及其中一个变量的分布，则可以用 "jointplot(x,y,data,color)" 函数。其中，参数 "x" 表示横坐标显示的数据，参数 "y" 表示纵坐标显示的数据，参数 "data" 表示数据集，参数 "color" 表示颜色。针对上述例子，如果需要分析消费的总费用和小费之间的关系，则可以采用如下形式：

```
sns. jointplot(x = "total_bill", y = "tip", data = tips, color="blue")
```

　　消费的总费用与小费之间存在着强相关性，如图 5-34 所示。在联合分布图中，可以通过 "kind" 指定不同的显示效果，主要包括 "hex" "scatter" "resid" "kde" 等，分别表示散点图、残差、密度估计等形式显示数据分布，默认是散点图。例如，设置为密度估计形式的方法如下：

```
sns. jointplot(x = "total_bill", y = "tip", data = tips, color="blue", kind="kde")
```

　　条形图可以统计数据集中不同的类别列对应的数值列，通常横坐标表示类别列，纵坐标表示数值列，这样可以对比不同类别数据的数量。seaborn 库中条形图的创建函数是

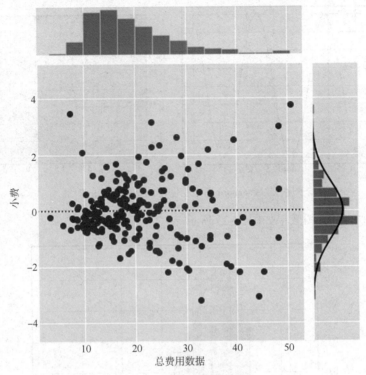

图 5-34 seaborn 库中的联合分布图

"marplot（x，y，data）"。其中，参数"x"表示横坐标要显示的数据列，参数"y"表示纵坐标要显示的数据列，参数"data"用于指定数据集。seaborn 库中条形图的创建效果如图 5-35 所示。

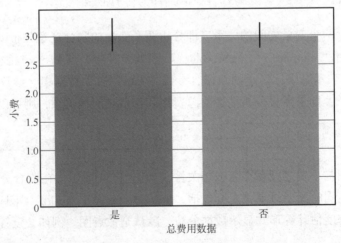

图 5-35 seaborn 库中的条形图

如果要观察是否吸烟与小费之间的关系，则可以采用以下形式：

```
sns. barplot(x ="smoker" , y ="tip" , data=tips)
```

箱形图效果如图 5-36 所示。其中，参数"x"表示横坐标上的类别列，参数"y"表示纵坐标上的数值列，参数"data"表示数据集。

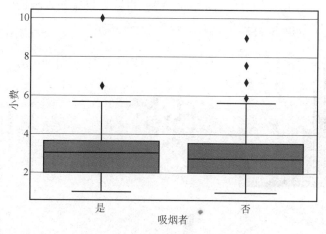

图 5-36　seaborn 库中的箱形图

如果使用箱形图展示是否吸烟与小费之间的关系，则可以调用以下函数：

```
sns. boxplot(x = "smoker", y = "tip", data=tips)
```

小提琴图因为其图形的形状类似"小提琴"而得名，如图 5-37 所示。图的高矮表示纵坐标值的范围，胖瘦表示数据的分布规律，因此，可将它看成密度图和箱形图的结合。绘制小提琴图的函数是"violinplot( )"。同理，是否吸烟与小费之间关系的小提琴图的函数调用如下：

```
sns. violinplot(x = "smoker", y = "tip", data = tips)
```

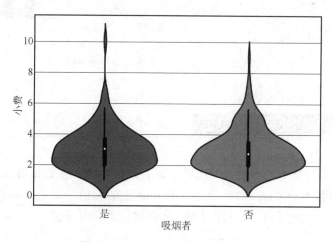

图 5-37　seaborn 库中的小提琴图

通常，数据集中存在多个特征，在研究特征之间的关系时，单独地绘制两个特征之间的关系相对比较麻烦。seaborn 库提供了使用一幅图展示不同特征（变量）两两之间相互关系的成对变量分析图，使用的函数是"pairplot( )"，将数据集输入该函数可以绘制出变量之间的成对关系图。针对"tips"数据集，效果如图 5-38 所示。

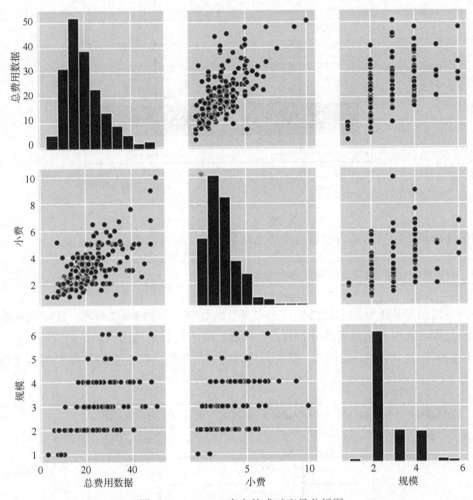

图 5-38　seaborn 库中的成对变量分析图

5.3.3　plotnine 库弥补可视化不足

R 语言在数据可视化上具有较强的优势，为了弥补 Python 在数据可视化上的不足，plotnine 库实现了 R 语言中的"ggplot2"语法在 Python 上的移植。在 Python 环境下，可以画出 R 语言下的效果图。在使用 plotnine 库之前，先通过以下命令安装。

```
pip install plotnine
```

plotnine 库常用函数如表 5-9 所示。

表 5-9　plotnine 库常用函数

函数名	说明
pint( )	输出绘图对象
geom_plot( )	绘制散点图
geom_boxplot( )	绘制箱形图
geom_violin( )	绘制小提琴图
geom_bar( )	绘制条形图

在使用的过程中，首先需要创建一个绘图对象，创建的过程发生在一对括号中，使用"+"连接。其中包含"ggplot"对象的创建、绘图函数的调用、绘图属性的设置等。然后，使用"pint( )"函数输出绘图对象。

在 plotnine 库中，实现散点图绘制的函数是"geom_plot( )"。图 5-39 所示为绘制的"tips"数据集中消费费用与小费之间关系的散点图，其实现代码如下：

```
from plotnine import *
import seaborn as sns
% matplotlib inline
tips =sns. load_dataset("tips")
df =tips[["total_bill", "tip"]]
base_plot=(ggplot(df, aes(x = ' total_bill' , y =' tip' , fill = ' tip' )) +
geom_point(size=3,shape='o' ,colour="black",show_legend=False))#+
#stat_smooth(method = ' lowess' ,show_legend=False))        #创建绘图对象
print(base_plot)                                            #输出绘图对象
```

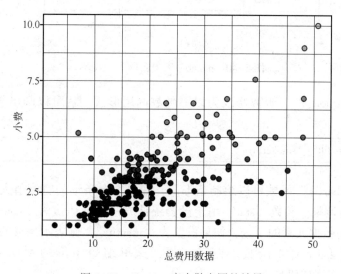

图 5-39　plotnine 库中散点图的效果

在本例中，首先加载"tips"数据集，并且提取"total_bill"和"tip"两列数据保存到变量"df"中，然后创建绘图对象。首先，在"ggplot"对象创建中，第一个参数指定绘图

需要的个数，第二个参数指定横坐标和纵坐标分别显示的数据类型，并定义数据点颜色填充值。然后，调用"geom_plot( )"函数绘图，其中参数的含义分别为采用圆圈表示数据点、每个数据点图形的大小是 3、颜色是黑色、不显示图例。最后，将绘图对象输出。

　　绘制箱形图的函数是"geom_boxplot( )"，使用它来绘制"tips"数据集中是否吸烟与小费关系的箱形图。在调用绘图函数时，参数"fill"用于指定根据"smoker"列的数据填充箱形图的颜色。具体效果如图 5-40 所示，其实现代码如下：

```
from plotnine import *
import seaborn as sns
% matplotlib inline
tips  = sns. load_dataset("tips")          #加载"tips"数据集
df  = tips[["smoker", "tip"]]
base_plot =(ggplot(df,aes(x=' smoker' ,y=' tip' ))+geom_boxplot(aes(fill=' smoker' )))
print(base_plot)                           #输出绘图对象
```

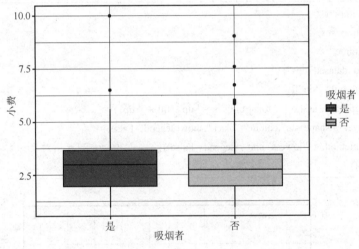

图 5-40　plotnine 库中箱形图的效果

　　将"geom_boxplot( )"函数修改为以下函数调用形式，就可以画出小提琴图的效果，如图 5-41 所示。

```
geom_violin(aes( fill = ' smoker' )))
```

　　使用"geom_bar( )"函数可以绘制条形图。如果每个条形的宽度值太大，则可以通过"width"属性进行调整。参数"stat"用于设置统计方法，默认值为"count"，表示每个条形的高度等于本组数据元素的个数，如果设置为"identity"，则表示条形的高度表述数据的值。调用"geom_bar( )"函数绘制条形图，这里缩短条形的宽度，具体的效果如图 5-42 所示，其实现代码如下：

```
from plotnine import *
import seaborn as sns
```

```
% matplotlib inline
tips =sns. load_dataset("tips")                #加载"tips"数据集
df =tips[["day", "tip"]]
base_plot=(ggplot(df )+
geom_bar(aes( x='day' , y=' tip' , fill = ' day' ), stat=' identity' , width=0. 5))
print(base_plot)                #输出绘图对象
```

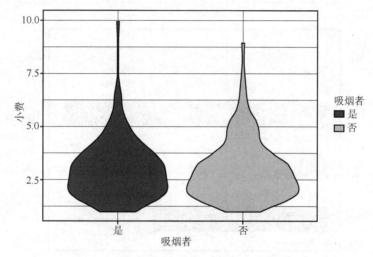

图 5-41　plotnine 库中小提琴图的效果

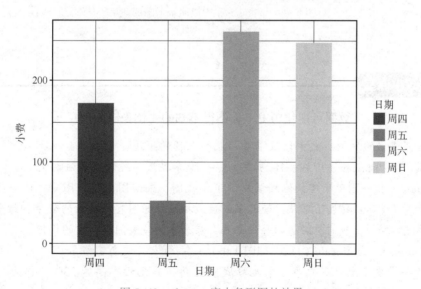

图 5-42　plotnine 库中条形图的效果

增加一个新的函数"coord_fip"，可以将垂直条形图转换成横向条形图，其具体效果如图 5-43 所示，其实现代码如下：

```
from plotnine import *
import seaborn as sns
```

```
% matplotlib inline
tips =sns. load_dataset("tips")          #加载"tips"数据集
df =tips[["day", "tip"]]
base_plot=(ggplot(df)+
geom_bar(aes( x=' day' , y=' tip' , fill = ' day' ), stat=' identity' , width=0. 5)+
coord_flip())
print(base_plot)                         #输出绘图对象
```

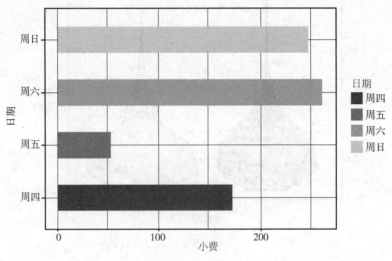

图 5-43   plotnine 库中横向条形图的效果

课程思政小课堂

数据可视化历史上你不得不知的 4 位先锋人物！

数据可视化的发展历史中比较重要的几个人物的事迹：

1. William Playfair（1759—1823 年）——跨界混搭的统计制图法之父

Playfair 坚信一图胜千言，他相继发明了折线图、条形图以及饼图等。他一生所尝试的各种跨界混搭职业拓展了思维，使其创新性地把感性的图表与理性的数字相结合，正像乔布斯所说的那样，我们所经历的每件事都会在未来的某天闪现出它的价值。

2. Florence Nightingale（1820—1910 年）——白衣天使南丁格尔

1854 年爆发克里米亚战争，冬天野战医院的伤兵死亡率高达 23%。作为志愿者的南丁格尔为了说明医院卫生环境对死亡率降低的意义绘制了南丁格尔玫瑰图。南丁格尔玫瑰图用半径而非高度表示数值大小，优雅地用圆心表现了周期性。

3. John Snow（1813—1858 年）——霍乱时期的可视化医师

1854 年，伦敦爆发霍乱，John Snow 通过绘制街区地图分析了霍乱患者的分布与水井分布之间的关系，据此找到了霍乱爆发的根源。Snow 的故事也告诉我们最佳的数据可视化是与实际问题和需求相关联的，能用最生动形象的图表阐明问题和结论的可视化就是最棒的可视化。

4. Joseph Minard（1781—1870 年）——史上最杰出的统计图

1869 年，Minard 绘制了一幅描述军力的"地图"，该图描绘了拿破仑军队自离开波兰，到抵达俄罗斯边界，再撤军回国的军力损失状况。法国科学家 Étienne-Jules Marey 评价拿破仑行军图为"对历史学家野蛮口述的一次深深蔑视"。

matplotlib、seaborn 和 plotnine 技术的发展

在讲述数据可视化的实际操作、真实案例时，介绍 matplotlib、seaborn、plotnine 的发展历史：

（1）matplotlib 库的产生、发展和优缺点。

（2）seaborn 库的产生、发展和优缺点。

（3）plotnine 库的产生、发展和优缺点。

通过对 matplotlib、seaborn 和 plotnine 技术的发展介绍，同学们能体会到数据科学的发展是分阶段的，是不断进步发展的，同时启发同学们明白在学习或者工作中也要注意事物发展的规律性和阶段性，学会用发展的眼光看问题。

思考与练习

1. 假设变量 x 取值区间是 $0 \sim 20$，使用 matplotlib 库提供的方法绘制函数 $\sin(x)$ 的图形。数据点使用标记"o"，并通过线连接，颜色为红色。

2. 存在一组数，$X = [1, 2, 3, 4, 5]$，$Y = [3, 5, 6, 5, 4]$，数据点对应的标签分别为 Label = ['A', 'B', 'C', 'D', 'E']，请分别绘制条形图和横向条形图以显示该组数据。

3. 编程实现使用 seaborn 库绘图，并将显示样式改为白色背景加网格（whitegrid）。

第 6 章 数据科学应用案例

【学习目标】

1. 了解网络爬虫、文本数据、图像数据和语言数据的含义；
2. 掌握网络爬虫的流程和实现步骤；
3. 掌握文本数据分析的流程和可视化的实现；
4. 掌握图像数据处理的流程和效果图的转换；
5. 掌握语言识别的过程和语音到文本的转换。

6.1　网络爬虫

二维码 6-1　网络爬虫

6.1.1　网络爬虫简介

网络爬虫（又称网页蜘蛛、网络机器人、网页追逐者），是一种按照一定的规则，自动地抓取万维网信息的程序或者脚本。例如，抓取网易云音乐播放数大于 500 万的歌单，抓取股市数据做出股市的趋势图，Google、百度等搜索引擎的本质就是网络爬虫。

6.1.2　网络爬虫工作流程

网络爬虫的基本工作流程如下：
（1）选取一部分精心挑选的种子 URL。
（2）将这些 URL 放入待抓取 URL 队列。
（3）从待抓取 URL 队列中取出待抓取的 URL，解析 DNS，并且得到主机的 IP，并将

URL 对应的网页下载下来，存储进已下载网页库中。此外，将这些 URL 放进已抓取 URL 队列。

（4）分析已抓取 URL 队列中的 URL，分析其中的其他 URL，并且将 URL 放入待抓取 URL 队列，从而进入下一个循环。

通用的网络爬虫框架如图 6-1 所示。

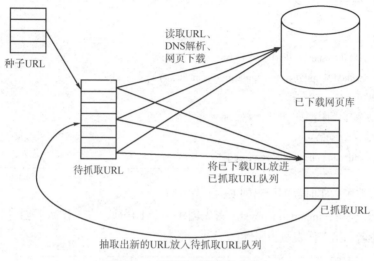

图 6-1 通用的网络爬虫框架

6.1.3 案例——获取国内外新冠肺炎实时数据

对于 2020 年突发的新冠肺炎疫情，人们比较关心的是国内外各个地方的确诊数据。本章节以"获取国内外新冠肺炎实时数据"为例，讲解网络爬虫的实现过程。

例 6_1_worm. py

第 1 步：导入 requests 模块。

```
import requests
```

requests 是 Python 实现的简单易用的 HTTP 库，因为是第三方库，所以使用前需要 cmd 安装：

```
pip install requests
```

用法：requests. get( )用于请求目标网站，返回一个 HTTPresponse 类型的响应。

第 2 步：获取网页信息。

```
url = "https://voice. baidu. com/act/newpneumonia/newpneumonia"
response =requests. get(url)
```

第 3 步：观察数据。

数据包含在 script 标签里，使用 xpath 来获取数据。

首先导入模块：from lxml import etree，生成一个 html 对象并且进行解析，得到一个类型为 list 的内容。

接下来获取 component 的内容，使用 json 模块，将字符串类型转变为字典，为了获取国内的数据，需要在 component 中找到 caseList。

```
from lxml import etree
import json
#生成 HTML 对象
html = etree. HTML(response. text)
result =html. xpath(' //script[@type="application/json"]/text()' )
result =result[0]
#json. load()方法可以将字符串转化为 Python 数据类型
result =json. loads(result)
result_in = result[' component' ][0][' caseList' ]
```

第 4 步：获取国内实时数据导出到 Excel 表中。

使用 openyxl 模块，import openpyxl。首先创建一个工作簿，在工作簿下创建一个工作表，接下来给工作表命名和给工作表赋予属性。

```
import openpyxl
#创建工作簿
wb = openpyxl. Workbook()
#创建工作表
ws = wb. active
ws. title = "国内疫情"
ws. append([' 省份' , ' 累计确诊' , ' 死亡' , ' 治愈' , ' 现有确诊' , ' 累计确诊增量' , ' 死亡增量' , ' 治愈增量' , '
现有确诊增量' ])
'''
area -->大多为省份
city -->城市
confirmed -->累计
crued --> 值域
relativeTime -->
confirmedRelative --> 累计的增量
curedRelative --> 值域的增量
curConfirm - -> 现有确诊
curConfirmRelative --> 现有确诊的增量
'''
for each inresult_in:
temp_list =[each[' area' ], each[' confirmed' ], each[' died' ],each[' crued' ], each[' curConfirm' ],
        each[' confirmedRelative' ],each[' diedRelative' ],
```

```
                        each[' curedRelative' ], each[' curConfirmRelative' ]]
    fori in range(len(temp_list)):
        if temp_list[i] = = ' ' :
            temp_list[i] = ' 0'
ws. append(temp_list)
wb. save(' . /data. xlsx' )
```

第 5 步：获取国际实时数据导出到 Excel 表中。

在 component 的 globalList 中得到国外的数据然后创建 excel 表格中的 sheet 即可，分别表示不同的大洲。

```
data_out = result[' component' ][0][' globalList' ]
for each indata_out:
    sheet_title = each[' area' ]
    #创建一个新的工作表
    ws_out = wb. create_sheet(sheet_title)
    ws_out. append([' 国家' ,' 累计确诊' ,' 死亡' ,' 治愈' ,' 现有确诊' ,' 累计确诊增量' ])
    for country in each[' subList' ]:
        list_temp = [country[' country' ], country[' confirmed' ], country[' died' ],country[' crued' ],
                country[' curConfirm' ], country[' confirmedRelative' ]]
        fori in range(len(list_temp)):
            if list_temp[i] = = ' ' :
                list_temp[i] = ' 0'
    ws_out. append(list_temp)
wb. save(' . /data. xlsx' )
```

运行结果产生一个 Excel 文件，爬虫数据结果如图 6-2 所示。

	省份	累计确诊	死亡	治愈	现有确诊	累计确诊	死亡增量	治愈增量	现有确诊增量
1									
2	西藏	1	0	1	0	0	0	0	0
3	澳门	63	0	59	4	0	0	0	0
4	青海	18	0	18	0	0	0	0	0
5	台湾	15926	828	13581	1517	20	1	31	-12
6	香港	12052	212	11762	78	3	0	1	2
7	贵州	147	2	145	0	0	0	0	0
8	吉林	574	3	570	1	0	0	0	0
9	新疆	980	3	977	0	0	0	0	0
10	宁夏	77	0	76	1	0	0	0	0
11	内蒙古	412	1	407	4	0	0	0	0
12	甘肃	199	2	196	1	0	0	0	0
13	天津	459	3	418	38	1	0	2	-1
14	山西	255	0	254	1	0	0	0	0
15	辽宁	443	2	430	11	0	0	0	0
16	黑龙江	1614	13	1599	2	0	0	0	0
17	海南	190	6	182	2	0	0	0	0
18	河北	1317	7	1310	0	0	0	0	0
19	陕西	668	3	656	9	0	0	0	0
20	云南	1007	2	671	334	7	0	4	3

国内疫情　亚洲　欧洲　非洲　大洋洲　北美洲　南美洲　其他 …

图 6-2　网络爬虫效果

6.2　文本数据处理

6.2.1　文本分析

文本分析是当今人工智能研究和应用的重要方向，是指从大量文本数据中抽取出有价值的知识，并且利用这些知识重新组织信息的过程。

6.2.2　文本分析流程

根据业务需求、数据类型和数据源，可以通过多种方式实现文本分析。总共有 4 个关键步骤：

1. 数据采集

文本分析的第一步是从收集要分析的文本开始——定义、筛选、获取和存储原始数据。这些数据可以包含文本文档、网页（博客、新闻等）和在线评论等。数据来源可分为内部渠道获取和外部渠道获取两种。

2. 准备数据

获取到数据后，企业必须做好进行分析的准备。必须采用适当的形式来整理数据，以便配合机器学习模型使用。数据的准备工作又分为 4 个小阶段：

文本清理（Text Cleaning），会删除任何不必要或不需要的信息，如网页上的广告。重新构建文本数据以确保可以在整个系统中以相同的方式读取数据并提高数据的完整性（也称为"文本规范化"）。

标记化（Tokenization），将一系列字符串分解为标记（Token）的片段（如单词、关键字、短语、符号和其他元素）。语义上有意义的片段（如单词）将用于分析。

词性标注（也称为"PoS"），为识别的标记分配语法类别。众所周知的语法类别包括名词、动词、形容词和副词。

解析基于标记（Token）和 PoS 模型从文本创建语法结构。解析算法是考虑语法结构的文本语法。具有相同含义但语法结构不同的句子将产生不同的句法结构。

3. 数据分析

数据分析是一个分析经预处理后文本数据的过程。机器学习模型可用于分析庞大的数据集，分析结果通常会以 JSON 格式或 CSV / Excel 文件形式生成。可以通过多种方式分析数据，两种比较流行的方法是文本提取和文本标记。

简单地说，文本提取是从非结构化文本中识别结构化信息的过程。文本标记是基于文本数据的内容和相关性为文本数据分配标记的过程。

文本标记的两个常见模型是"bag of words"和"Word2vec"。

"bag of words" 方法是最容易理解的方法，不过已经过时并被淘汰了。无论位置和上下文如何，这个方法都只用来计算文本内容中的单词数。这种技术的缺点在于，它没有提供一种从单词理解上下文的方法，具有较高单词数的内容被赋予更高的分数。

Word2Vec 已成为文本标记的首选方法。Word2Vec 收集的文本将转换为向量的格式，来提供有关单词（包括同义词）的相关信息。例如，术语 "man" 和 "boy" 可以密切相关。Word2Vec 也理解 "humor"（美式拼写）和 "humour"（英式拼写），这两个词应该用同样的方式对待。Word2Vec 生成相关单词的网格。在神经网络中，单词越接近，彼此之间的关系就越强。这种神经网络允许算法更好地理解单词的上下文，因此数据科学家可以生成更好的内容相关性分析。

4. 数据可视化

可视化是将数据转换为有深层次价值信息的过程，以图形、表格和其他直观的表达形式表示数据的过程。市面上有各种各样可供企业使用的商业和开源可视化工具。

6.2.3　案例——生成词云图

词云图是文本分析中比较常见的一种可视化手段，将出现频率高的词字体相对变大，让重点词、关键词一目了然。

使用 Python 生成词云需要下载并安装第三方模块 jieba 和 wordcloud。

1. jieba

jieba 是一个中文分词模块，用来统计词频。如果已经有现成的数据，就不再需要它。在使用之前需要先使用 pip 安装 jieba：

```
pip install jieba
```

jieba 最主要的方法是 cut 方法：

（1）jieba. cut 方法接受两个输入参数：第一个参数为需要分词的字符串；cut_all 参数用来控制是否采用全模式。

（2）jieba. cut_for_search 方法接受一个参数：需要分词的字符串，该方法适合用于搜索引擎构建倒排索引的分词，粒度比较细。

（3）jieba. cut 以及 jieba. cut_for_search 返回的结构都是一个可迭代的 generator，可以使用 for 循环来获得分词后得到的每个词语（unicode），也可以用 list(jieba. cut(...)) 转化为 list 代码示例（分词）。

注意：待分词的字符串可以是 gbk 字符串、utf-8 字符串或者 unicode。

2. wordcloud

wordcloud 库把词云当作一个 WordCloud 对象，wordcloud. WordCloud() 代表一个文本对应的词云。wordcloud 可以根据文本中词语出现的频率等参数绘制词云，其中绘制词云的形状、尺寸和颜色都可以自己设定。在使用之前需要先使用 pip 安装 wordcloud：

```
pip install wordcloud
```

WordCloud 类的使用：WordCloud 类常用的方法如表 6-1 所示，配置对象常用参数如表 6-2 所示。

表 6-1 WordCloud 类常用的方法

方法	描述
w. generate(txt)	向 WordCloud 对象 w 中加载文本 txt
w. to_file (filename)	将词云输出为图像文件：. png 或 . jpg

表 6-2 WordCloud 类配置对象常用参数

参数	描述
width	指定词云对象生成图片的宽度，默认 400 像素
height	指定词云对象生成图片的高度，默认 200 像素
min_font_size	指定词云中字体的最小字号，默认 4 号
max_font_size	指定词云中字体的最大字号，根据高度自动调节
font_step	指定词云中字体字号的步进间隔，默认为 1
font_path	指定字体文件的路径，默认 None
max_words	指定词云显示的最大单词数量，默认 200
stop_words	指定词云的排除词列表，即不显示的单词列表
mask	指定词云形状，默认为长方形，需要引用 imread( )函数
background_color	指定词云图片的背景颜色，默认为黑色

案例：将"高举中国特色社会主义伟大旗帜 为全面建设社会主义现代化国家而团结奋斗——在中国共产党第二十次全国代表大会上的报告"内容保存为"baogao. txt"，放在工作目录下，以下是获得"二十大政府工作报告"词云图的过程代码。

例 6_2_ciyun. py

```
from wordcloud import WordCloud, STOPWORDS
from imageio import imread
from sklearn.feature_extraction.text import CountVectorizer
import jieba
import csv
# 获取文章内容
with open(r"C:\Users\May\Documents\ciyun\baogao.txt",encoding=' utf- 8' ,errors=' ignore' ) as f:
contents = f.read()
print("contents 变量的类型:", type(contents))
# 使用 jieba 分词,获取词的列表
contents_cut = jieba.cut(contents)
print("contents_cut 变量的类型:", type(contents_cut))
```

```
contents_list = " ".join(contents_cut)
print("contents_list 变量的类型:", type(contents_list))
# 制作词云图,collocations 避免词云图中词的重复,mask 定义词云图的形状,图片要有背景色
wc = WordCloud(stopwords=STOPWORDS.add("一个"), collocations=False,
               background_color="white",
               font_path=r"C:\Windows\Fonts\simhei.ttf",
               width=400, height=300, random_state=42,
               mask=imread(r' C:\Users\May\Documents\ciyun\china.jpg' ,pilmode="RGB"))
wc.generate(contents_list)
wc.to_file(r"C:\Users\May\Documents\ciyun\ciyun.png")
# 使用 CountVectorizer 统计词频
cv = CountVectorizer()
contents_count = cv.fit_transform([contents_list])
# 词有哪些
list1 = cv.get_feature_names()
# 词的频率
list2 = contents_count.toarray().tolist()[0]
# 将词与频率一一对应
contents_dict = dict(zip(list1, list2))
# 输出 csv 文件,newline="",解决输出的 csv 隔行问题
with open("caifu_output.csv", ' w', newline="") as f:
    writer = csv.writer(f)
    for key, value in contents_dict.items():
        writer.writerow([key, value])
```

词云图的形状使用一个心形图片，如图 6-3 所示。

另外，可以把背景图的设置为任意形状和图片，如果没有合适的照片，也可以用 PPT 自己画一个合适的形状。

心形的词云效果图如图 6-4 所示。

图 6-3　心形图片

图 6-4　心形词云效果图

获得词频列表，保存为 csv 文件：

	A	B
1	发展	218
2	坚持	170
3	建设	150
4	人民	134
5	中国	123
6	社会主义	114
7	体系	109
8	国家	109
9	推进	107
10	全面	101
11	加强	92
12	我们	87
13	现代化	85
14	制度	76
15	完善	73
16	安全	72

图 6-5　词频列表

6.3　图像数据处理

二维码 6-3　图像数据处理

6.3.1　图像处理概述

1. 简介

图像处理，也称为数字图像处理或计算机图像处理，是指对图像信号进行分析、加工和处理以将其转换为数字信号，也就是利用计算机对图像信号进行分析的过程。图像处理包括空域法和频域法两种方法。

在空域法中，通常把图像看作平面中的一个集合，并用一个二维的函数来表示，集合中的每个元素都是图像中的一个像素，图像在计算机内部被表示为一个数字矩阵。在频域法中，需先对原图像进行傅里叶变换，以将图像从空域变换到频域，然后进行滤波等处理。图像的频率是表征图像中灰度变换剧烈程度的指标。

2. 图像数组表示

Python 中图像是一个由像素组成的三维矩阵（高、宽和 RGB），每个元素是一个 RGB 值，由红（R）、绿（G）、蓝（B）组成。RGB 三个颜色通道的变化和叠加得到各种颜色，其中：

- R 红色，取值范围：0~255。
- G 绿色，取值范围：0~255。
- B 蓝色，取值范围：0~255。

（1）图像深度值：图像深度是指存储每个像素所用的位数，也用于度量图像的色彩分辨率。

（2）图像梯度：梯度的本意是一个向量（矢量），表示某一函数在该点处的方向导数沿着该方向取得最大值，即函数在该点处沿着该方向（此梯度的方向）变化最快、变化率最大（为该梯度的模）。

（3）灰度：灰度使用黑色调表示物体，即以黑色为基准色，用不同饱和度的黑色来显示图像。每个灰度对象都具有从0（白色）到100%（黑色）的亮度值。

3. Pillow（PIL）库

PIL（Python Image Library）是 Python 的第三方图像处理库，能够做与图像处理相关的事情：

（1）图像归档（Image Archives）。PIL 非常适合于图像归档以及图像的批处理任务，可以使用 PIL 创建缩略图、转换图像格式、打印图像等。

（2）图像展示（Image Display）。PIL 较新的版本支持 Tk PhotoImage、BitmapImage、Windows DIB 等接口。PIL 支持众多的 GUI 框架接口，可以用于图像展示。

（3）图像处理（Image Processing）。PIL 包括了基础的图像处理函数，包括对点的处理，使用众多的卷积核（convolution kernels）做过滤（filter），还有颜色空间的转换。PIL 库同样支持图像的大小转换、图像旋转以及任意的仿射变换。PIL 还有一些直方图的方法，允许展示图像的一些统计特性。这个可以用来实现图像的自动对比度增强，还有全局的统计分析等。

安装 pillow 库命令：

```
pip install pillow
```

6.3.2 图像处理流程

图像处理流程的基本步骤如下：

（1）图像的获取与存储。获取图像（如使用相机获取），并以文件的形式（如 JPEG 文件）存储在某些设备（如硬盘）上。

（2）加载至内存并存盘。从磁盘读取图像数据至内存，使用某种数据结构（如 numpy ndarray）作为存储结构，之后将数据结构序列化到一个图像文件中，也可能是对图像上运行了算法之后。

（3）操作、增强和复原。需运行预处理算法完成如下任务：

①图像转换（采样和操作，如灰度转换）。

②图像质量增强（滤波，如图像由模糊变清晰）。

③图像降噪，图像复原。

（4）图像分割。为了提取感兴趣的对象，需要对图像进行分割。

（5）信息提取/表示。图像需以其他形式表示，如表示为以下几项：

①一些可从图像中计算出来的手工标识的特征描述符（如 HOG 描述符、经典图像处理）。

②一些可自动从图像中学习的功能（例如，在深度学习神经网络的隐藏层中学到权重和偏差值）。

③以另一种表示方法表示图像。

（6）图像理解/图像解释。以下表示形式可用于更好地理解图像。

①图像分类（例如，图像是否包含人类对象）。

②对象识别（例如，在带有边框的图像中查找 car 对象的位置）。

6.3.3　案例——实现图片的手绘效果

1. 手绘效果的几个特征：

（1）黑白灰色。

（2）边界线条较重。

（3）相同或相近色彩趋于白色。

（4）略有光源效果。

2. 图像的手绘效果实现

（1）利用像素之间的梯度值和虚拟深度值对图像进行重构，根据灰度变化来模拟人类视觉的远近程度。

（2）考虑光源效果，根据灰度变化来模拟人类视觉的远近程度：

①设计一个位于图像斜上方的虚拟光源。

②光源相对于图像的俯视角为 Elevation，方位角为 Azimuth。

③建立光源对各点梯度值的影响函数。

④运算出各点的新像素值。

3. 对图像变换操作的一般流程

（1）读入图像文件。

（2）获得 RGB 值。

（3）对 RGB 值进行运算修改。

（4）另存为新图像。

4. 图像的变换

1）convert( )函数

对于彩色图像，不管其图像格式是 PNG，还是 BMP，或者是 JPG，在 PIL 中，使用 Image 模块的 open( )函数打开后，返回的图像对象的模式都是"RGB"。而对于灰度图像，不管其图像格式是 PNG，还是 BMP，或者是 JPG，打开后，其模式为"L"。

模式"L"为灰色图像，它的每个像素用 8 个 bit 表示，0 表示黑，255 表示白，其他数字表示不同的灰度。在 PIL 中，从模式"RGB"转换为"L"模式是按照下面的公式转换的：

$$L = R * 299/1000 + G * 587/1000 + B * 114/1000$$

2）归一化处理

（1）np. asarray(Image. open('./beijing. jpg'). convert('L')). astype('float')：将图像以灰度图的方式打开并将数据转为 float 存入 np 中。

（2）np. gradient（a）：求 a 的梯度，返回的是二元信息，可分别赋值给 grad_x、grad_y，将梯度按照深度等级计算并且归一化处理。

（3）将梯度归一化，构造 x 和 y 轴梯度的三维归一化单位坐标系 A = np. sqrt（grad_x**2 + grad_y**2 + 1）。

3）建立光源效果

np. cos（vec_el）为单位光线在地平面上的投影长度，"dx"、"dy"、"dz"是光源对 x、y、z 三方向的影响程度。

梯度和光源相互作用，将梯度转化为灰度 b = 255*（dx * uni_x + dy*uni_y + dz*uni_z）。

5. 代码实现

例 6_3_pic_trans. py

```
from PIL import Image
import numpy as np
import cv2
#将原图像转换为灰度图像,并将其像素值放入列表转存到数组中
#asarray()转换输入为数组 array
#convert()将图像转换为灰色图像
#astype()转换数据类型
a =np. asarray(Image. open("C:/Annie1. jpg"). convert(' L' )). astype(' float' )
depth = 10.                                  # (0- 100)
grad =np. gradient(a)                         #取图像灰度的梯度值
grad_x, grad_y = grad                         #分别取横纵图像梯度值
grad_x = grad_x* depth / 100.
grad_y = grad_y* depth / 100.
A =np. sqrt(grad_x** 2 + grad_y** 2 + 1. )
uni_x = grad_x / A
uni_y = grad_y / A
uni_z = 1. / A
vec_el = np. pi / 2. 2                         #光源的俯视角度,弧度值
vec_az = np. pi / 4.                           #光源的方位角度,弧度值
dx =np. cos(vec_el) *  np. cos(vec_az)         #光源对 x 轴的影响
dy = np. cos(vec_el) *  np. sin(vec_az)        #光源对 y 轴的影响
dz = np. sin(vec_el)                           # 光源对 z 轴的影响
b = 255* (dx *  uni_x + dy *  uni_y + dz *  uni_z)     #光源归一化
b =b. clip ( 0, 255 )
im = Image. fromarray ( b. astype ( ' uint8' ) )  #重构图像
im. save ( " C: /Annie. jpg" )
print ( " 保存成功查看")
```

6. 效果预览

手绘效果前原图如图 6-6 所示。

手绘效果图如图 6-7 所示。

图 6-6　手绘效果前原图　　　　　　　　　　图 6-7　手绘效果图

案例参考来源：https://blog. csdn. net/weixin_43232955/article/details/103672707。

6.4　语言数据处理

二维码 6-4　语言数据处理

6.4.1　语音识别

语音识别技术，也被称为自动语音识别 Automatic Speech Recognition（ASR），其目标是将人类语音中的词汇内容转换为计算机可读的输入，如按键、二进制编码或者字符序列。与说话人识别及说话人确认不同，后者尝试识别或确认发出语音的说话人而非其中所包含的词汇内容。语音识别技术所涉及的领域包括：信号处理、模式识别、概率论和信息论、发声机理和听觉机理、人工智能等，具有广阔的应用前景，如语音检索、命令控制、自动客户服务、机器自动翻译等。

目前语音识别系统的分类主要有孤立和连续语音识别系统、特定人与非特定人语音识别系统、大词汇量和小词汇量语音识别系统以及嵌入式和服务器模式语音识别系统。

自然语言只是在句尾或者文字需要加标点的地方有个间断，其他部分都是连续的发音。以前的语音识别系统主要是以单字或单词为单位的孤立的语音识别系统。近年来，连续语音识别系统已经渐渐成为主流。根据声学模型建立的方式，特定人语音识别系统在前期需要大量的用户发音数据来训练模型。非特定人语音识别系统则在系统构建成功后，不需要事先进行大量语音数据训练就可以使用。在语音识别技术的发展过程中，词汇量是不断积累的，随着词汇量的增大，对系统的稳定性要求也越来越高，系统的成本也越来越高。例如，一个识别电话号码的系统只需要听懂 10 个数字就可以了，一个订票系统就需要能识别各个地名，而识别一个报道稿就需要一个拥有大量词汇的语音识别系统。

6.4.2　语音识别的过程

语音识别其实是一个模式识别匹配的过程，像人们听语音时，并不会把语音和语言的语法结构、语义结构分离开来。因为当语音发音模糊时，人们可以用这些知识来指导对语言的理解过程；但是对机器来说，语音识别系统也要利用这方面的知识，只是在有效地描述这些语法和语义时还存在一些困难。

（1）小词汇量的语音识别系统：通常包括几十个词的语音识别系统。

（2）中等词汇量的语音识别系统：通常包括几百至上千个词的语音识别系统。

（3）大词汇量的语音识别系统：通常包括几千至几万个词的语音识别系统。

这些不同的限制也确定了语音识别系统的困难度。

语音识别系统一般可以分为前端处理和后端处理两部分，如图 6-8 所示。前端包括语音信号的输入、预处理、特征提取。后端是对数据库的搜索过程，分为训练和识别。训练是对所建模型进行评估、匹配、优化，之后获得模型参数。

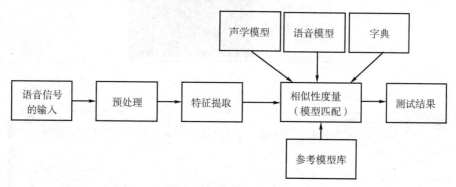

图 6-8　语音识别系统架构

识别是指一个专用的搜索数据库在获得前端数值后，对声学模型、语音模型、字典进行相似性度量匹配。声学模型通过训练来识别特定用户的语音模型和发音环境特征；语言模型涉及中文信息处理的问题，在处理过程中要给语料库单词的规则化建立一个概率模型；字典则列出了大量的单词和发音规则。

语音识别的具体过程如下：计算机先根据人的语音特点建立语音模型，对输入的语音信号进行分析，并抽取所需的特征，在此基础上建立语音识别所需要的模板；在识别过程中，计算机根据语音识别的整体模型，将计算机中已经存在的语音模板与输入的语音信号的特征进行比较，并根据一定的搜索和匹配策略找出一系列最优的与输入语音匹配的模板，通过查表和判决算法给出识别结果。显然识别结果的准确率与语音特征的选择、语音模型和语音模板的好坏及准确度有关。

语音识别系统的性能受多个因素的影响，例如，不同的说话人、不同的语言以及同一种语言不同的发音和说话方式等。提高系统的稳定性就是要提高系统克服这些因素的能力，使系统能够适应不同的环境。

6.4.3　案例——语音转文本

如何在 Python 中将语音转换为文本？我们使用的是百度的语音识别服务。

（1）进入百度 AI 官网，注册账号和语音识别服务，创建语音识别应用，获取百度 AI 应用的 AppID、API Key、Secret Key，如图 6-9、图 6-10、图 6-11 所示。

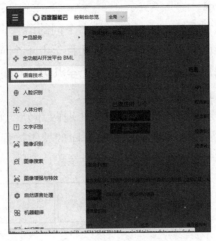

图 6-9　进入控制台

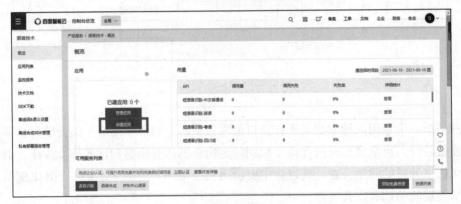

图 6-10　创建应用

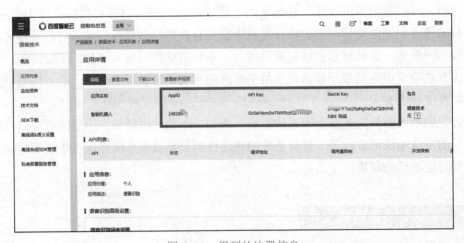

图 6-11　得到的注册信息

（2）实现百度 AI 语音平台的调用。

①pyAudio 库的安装。该库因为需要 C++的依赖，所以无法直接使用 pip 安装，需要下载其 wheel 文件安装。下载地址 https：//www. lfd. uci. edu/~gohlke/pythonlibs/#pyaudio。

打开该文件目录安装：

```
pip install PyAudio- 0. 2. 11- cp37- cp37m- win_amd64. whl
```

②wave 和 baidu-aip 库的安装。

```
pip install wave
pip install baidu- aip
```

（3）代码实现。

例 6_4_voice_Recognation. py

```
from aip import AipSpeech
import pyaudio
import wave
input_filename = "input. wav"                        #麦克风采集的语音输入
input_filepath = "C:"                                #输入 s 文件的 path
in_path = input_filepath + input_filename
"""你的 APPID AK SK """
APP_ID = '24829563'                                  #自己注册的 APP_ID
API_KEY = ' Gx5erVomSwTNW5rztQ2TWVeN'                #自己注册的 API_KEY
SECRET_KEY = ' sP9g2FF7oz25pNgGaGaCljdkVn65dkiI'     #自己注册的 SECRET_KEY
client = AipSpeech(APP_ID,API_KEY,SECRET_KEY)
'''语音识别部分'''
def Speech():
    def get_file_content(filePath):
        with open(filePath,"rb") as fp:
            returnfp. read()
    keyword = client. asr(get_file_content(' input. wav' ), ' wav' ,16000, {' dev_pid' :1537})
    print(keyword[' err_no' ])
    print(keyword[' err_msg' ])
    print(keyword[' result' ][0])
'''语音采集部分'''
def get_audio(filepath):
    aa = str(input("是否开始录音？    （是/否）"))
    if aa = = str("是"):
        CHUNK = 256
        FORMAT =pyaudio. paInt16
        CHANNELS = 1                                 #声道数
```

```
        RATE = 11025                                          #采样率
        RECORD_SECONDS = 10                                   #采集时间(s)
        WAVE_OUTPUT_FILENAME =filepath                        #输出文件名和路径
        p =pyaudio. PyAudio()
        stream =p. open(format=FORMAT,
                        channels=CHANNELS,
                        rate=RATE,
                        input=True,
                        frames_per_buffer=CHUNK)
        print("* " * 10, "开始录音:请在 10 秒内输入语音")
        frames = []
        fori in range(0, int(RATE / CHUNK * RECORD_SECONDS)):
            data =stream. read(CHUNK)
            frames. append(data)
        print("* " * 10, "录音结束\n")
        stream. stop_stream()
        stream. close()
        p. terminate()
        wf = wave. open(WAVE_OUTPUT_FILENAME, ' wb' )
        wf. setnchannels(CHANNELS)
        wf. setsampwidth(p. get_sample_size(FORMAT))
        wf. setframerate(RATE)
        wf. writeframes(b' ' . join(frames))
        wf. close()
    elif aa = = str("否"):
        exit()
    else:
        print("无效输入,请重新选择")
        get_audio(in_path)
    if __name__ = = '__main__' :
        for i in range(1):
            get_audio(in_path)
            Speech()
```

效果如图 6-12 所示。

```
是否开始录音？  （是/否）是
********** 开始录音：请在10秒内输入语音
********** 录音结束

0
success.
山东协和学院欢迎你。
```

图 6-12　语音识别效果

网络爬虫，盗亦有道

想必大家心里也清楚，爬虫固然很方便，但是也会引发一系列的问题。大家也听说过因为爬虫违法犯罪的事，例如，爬取网站后台用户的个人隐私信息，违法爬取国家事务、国防建设、尖端科学技术领域的系统等涉及国家机密的数据，但是只要我们严格按照网络规范上网，遵守道德法律，正确正常使用网络是不受这些问题影响的。

根据网络爬虫的尺寸，可以简单分为以下三类：

小规模，数量小，爬取速度不敏感 Requests库	中规模，数据规模较大，爬取速度敏感 Scrapy库	大规模，搜索引擎，爬取速度关键 定制开发
爬取网页，玩转网页	爬取网站，爬取系列网站	爬取全网

例如，有些网站的服务器就可以设置防范爬虫的骚扰，只接受人类本身操作的请求。爬虫可以利用计算机的性能，1 s 内可以发起成千上万甚至数万次的访问请求，给服务器造成一定的开销压力，有时甚至会带来法律问题，如有些新闻数据、用户隐私被爬取等。

因此总结了网络爬虫所引发的问题，将之分为三大类：

（1）服务器骚扰问题。

（2）网站内容法律风险问题。

（3）用户隐私泄露问题。

目前互联网上很多公司对网络爬虫进行了一定的限制，关于网络爬虫的限制包括两种：

（1）来源审查：判断 User-Agent 进行限制。检查来访 HTTP 协议头的 User-Agent 域，只响应浏览器或已知友好爬虫的访问。

（2）发布公告：Robots 协议。告知所有爬虫网站的爬取策略，要求爬虫遵守。

思考与练习

1. 豆瓣读书爬虫。可以爬下豆瓣读书标签下的所有图书，按评分排名依次存储，存储到 Excel 中，可方便大家筛选搜罗，比如筛选评价人数大于 1 000 的高分书籍，可依据不同的主题存储到 Excel 不同的 Sheet 中。

2. 图像转换。拍摄自己的一张照片，通过图像处理的步骤，完成自己照片的手绘效果。

3. 文本转换语音。利用百度 AI 开放平台，完成文本转换语音的功能。

参 考 文 献

[1] 朝乐门. 数据科学 [M]. 北京：清华大学出版社，2016.

[2] 宋晖，刘晓强. 数据科学技术与应用 [M]. 北京：电子工业出版社，2018.

[3] 嵩天，礼欣，黄天羽. Python 语言程序设计基础 [M]. 北京：高等教育出版社，2017.

[4] 夏敏捷，宋宝卫. Python 基础入门 [M]. 北京：清华大学出版社，2020.

[5] 赵广辉，李敏之，邵艳玲. Python 程序设计基础 [M]. 北京：高等教育出版社，2021.

[6] 萨伯拉曼尼安. Python 数据科学指南 [M]. 北京：人民邮电出版社，2016.

[7] 石川，王啸，胡琳梅. 数据科学导论 [M]. 北京：清华大学出版社，2021.

[8] 哈默德·坎塔尔季奇. 数据挖掘概念、模型、方法和算法 [M]. 3 版. 北京：清华大学出版社，2021.

[9] 吕云翔，李伊琳. 数据分析与可视化 [M]. 北京：人民邮电出版社，2020.

[10] 董付国. Python 数据分析、挖掘与可视化 [M]. 北京：人民邮电出版社，2020.

[11] 吴振宇，李春忠，李建锋. Python 数据处理与挖掘 [M]. 北京：人民邮电出版社，2021.

[12] 姜枫，许桂秋. 大数据可视化技术 [M]. 北京：人民邮电出版社，2021.

[13] 吕云翔. 大数据可视化技术 [M]. 北京：人民邮电出版社，2021.

[14] 章毓晋. 计算机视觉教程 [M]. 北京：人民邮电出版社，2021.

[15] 莫宏伟. 人工智能导论 [M]. 北京：人民邮电出版社，2021.